A. R. WALLACE

ESISTE UN'ALTRA VITA?

Prima versione italiana di *Federico Verdinois*

17. MIGLIAIO

1

Sommario

Contenuti del volume

Esiste un'altra vita?: Fede vecchia e fede nuova. - Dubbii e incertezze. - Scienza e religione in conflitto. - Felicità o miseria del genere umano. - Necessità etiche di un'altra vita. - Fantasmi, visioni, avvertimenti, previsioni ecc. - La credenza in Satana e le manifestazioni diaboliche. - Fenomeni di magia. - I miracoli non sono fatti scientifici. - Lo spiritualismo moderno. - Materialismo e spiritualismo. - Non c'è morte. - La realtà di una vita futura. - Certezza delle prove scientifiche inoppugnabili nel campo fisico ed in quello intellettuale. - La levitazione del corpo umano. - Fenomeni musicali, chimici, fotografici, di chiaroveggenza, auditivi, di trasfigurazione ecc. solennemente dimostrati ed affermati dalla scienza in merito alle apparizioni degli spiriti. - I morti sono vivi! - A che serve lo spiritismo e che fanno gli spiriti nell'altra vita. - Insegnamento e filosofia del vero Spiritualismo. - Della realtà obbiettiva dei fantasmi: Delle pretese allucinazioni collettiva. - Fantasmi la cui obbiettività è provata da rapporti definiti di spazio. - Impressioni sugli animali. - Effetti fisici prodotti e determinati dai fantasmi. - I fantasmi possono essere fotografati e sono per conseguenza realtà obbiettive. - Che cosa sono i fantasmi e perché appariscono.

Prefazione

Sir Alfredo Russel Wallace, membro della Società Reale e presidente della Società di Antropologia, è nato a Usk, contea di Monmouth, il dì 8 gennaio 1822.

Giovanissimo salpò pel Brasile e rimontò le Amazzoni inoltrandosi molto nel cuore del continente. Dobbiamo appunto a questo viaggio una buona metà di quanto oggi è noto su quel fiume, spesso largo e profondo come un mare, rapido e rumoroso come una cateratta, non che sulla immensa foresta di cui esso turba i silenzi, flora lussureggiante come un racconto di fate, inestricabile come un romanzo di appendice, formicolante di una fauna perfida e terribile. Di là, passò il Wallace in Africa, per studiarvi sotto la stessa latitudine le popolazioni animale e vegetale delle regioni fluviali. Dopo quattro anni di faticose peregrinazioni, irte di pericoli, egli tornò a Londra, e pubblicò una relazione dei suoi lavori, cui seguì a breve distanza un trattato sui Palmeti della Guiana e i loro usi.

Sir A. R. Wallace non riposò a lungo; e poiché molto gli stava a cuore compiere il suo studio comparativo della natura tropicale nei tre continenti, partì di lì a poco per l'Insulinda, che percorse poi per bene otto anni di fila.

Nel corso di questo lungo esilio volontario, ei maturò una teoria, suggeritagli in germe dalle ricerche anteriori e fortemente corroborata dai vari dati emergenti dalla novella inchiesta. Le linee capitali di essa furono da lui tracciate in una memoria sulla Tendenza delle varietà ad allontanarsi dal tipo d'origine. La Memoria fu indirizzata a Sir C.

Lyell, perché l'illustre naturalista ne desse lettura nella tornata del luglio 1858 della Linnean Society. Nel tempo stesso, Sir C. Lyell riceveva da Darwin un Saggio da presentare alla medesima Società, in quella precisa tornata, e concernente lo stesso argomento secondo una dottrina rigorosamente identica: *Della Tendenza delle Specie a formare delle varietà*. I due indagatori, lontani ed ignari l'uno dell'altro, in condizioni differentissime, eran venuti a conclusioni simiglianti, dalle quali doveva poi scaturire una delle più ardite ipotesi del pensiero moderno, ipotesi destinata a stendersi dalla regione botanica e zoologica alla universalità degli aspetti della Vita e a confermare finalmente la fusione della scienza e della filosofia in una Religione inverosimile, poiché nel tempo stesso intuitiva, razionale e positiva. Dopo una lotta cortese, che costituisce uno dei più sublimi spettacoli nella storia della scoperta dell'infinito, Darwin dovette cedere leggendo il proprio lavoro alla Linnean Society. Così entrò nella gloria quella teorica della Evoluzione delle Forme, che poco mancò non prendesse il nome di Wallacismo. La generosità del vincitore non venne mai meno in prosieguo, poiché la seconda edizione dell'opera sulla Origine delle specie abbonda in miglioramenti, aggiunzioni, note, dovute a Sir A. R. Wallace, e, malgrado alcuni lievi dissidi formulati da questo nelle sue Contribuzioni alla teorica della selezione naturale 1870, nel 1889 l'opera intitolata *Il Darwinismo*[1] rendeva ancora un solenne omaggio al vinto trionfatore.

---

1 Su questo importantissimo argomento la Società Editrice Partenopea di Napoli ha pubblicato in italiano il volume dal titolo: Il Darwinismo applicato all'uomo di a. a. Wallace, tradotto dal Verdinois.

Al suo ritorno definitivo in Inghilterra, l'autore del libro presente ebbe a classificare gli ottomila uccelli e i centomila insetti che - più felice della prima volta in cui avea perduto la preziosa collezione laboriosamente accumulata in America e in Africa - avea riportato dalle isole asiatiche. Pubblicò poi il suo libro sull'Arcipelago Malese, il paese dell'urang-utang e dell'Uccello di paradiso (1869). Il volume sulla Natura tropicale fu l'ultimo frutto dei suoi viaggi e quasi una ricapitolazione degli studi speciali cui quelli erano stati consacrati.

Oltre a questi lavori e ad un Saggio importantissimo sulla Distribuzione geografica degli animali (1876) Sir A. R. Wallace si appassionò alle questioni antropologiche e sociologiche, come ne fan fede le sue opere sulla Vita insulare (1880) e sulla Nazionalizzazione del suolo (1882).

Finalmente ei non seppe resistere alla attrattiva di quelle manifestazioni psichiche, qualificate per miracoli dalla ignoranza del volgo e dalla presenzione dei pedanti: e qui come in altri campi ebbe a mettere in opera prima, per controllarle da scettico, poi per provarle da credente, le potenti facoltà del suo ingegno ardito e tenace, largo e preciso, leale e penetrante. Lo sperimentatore vide in siffatti fenomeni la rivelazione di forze sottili e formidabili, in virtù delle quali troveranno spiegazione i problemi capitali; il filosofo v'intravide la meta fatale della dottrina evoluzionista; il moralista vi constatò la proiezione delle leggi scientifiche esatte in principii etici infinitamente puri e generosi, suscettibili al più alto grado di affrettare l'elevazione individuale e collettiva; l'umanitario infine li considerò come l'inizio dell'armonia sociale e del progresso della specie.

Innumerevoli articoli dettò egli su questo argomento, numerose letture fece in Inghilterra e in America, voluminoso è il suo carteggio con gli avversari, pubblicato dai periodici dei due mondi. I più importanti frammenti di questa opera furono da noi raccolti e tradotti, in due volumi. Primo: *Esiste un'altra vita*, che diamo qui ai lettori, perché ne apprezzino tutta la importanza e la profondità delle argomentazioni. Secondo: *I Miracoli ed il Moderno Spiritualismo*, opera colossale, che è forse quella che ha più efficacemente contribuito alla diffusione dello Spiritualismo in Inghilterra.

Gli editori.

Esiste un'altra vita?...

Fede vecchia e fede nuova - Dubbii e incertezze - Scienza e religione in conflitto - Felicità o miseria del genere umano - Necessità etiche di un'altra vita - Fantasmi, visioni, avvertimenti, previsioni ecc. - La credenza in Satana e le manifestazioni diaboliche. - Fenomeni di magia - I miracoli non sono fatti scientifici - Le spiritualismo moderno - Materialismo e spiritualismo - Non c'è morte - La realtà di una vita futura - Certezza delle prove scientifiche inoppugnabili nel campo fisico ed in quello intellettuale - La levitazione del corpo umano - Fenomeni musicali, chimici, fotografici, di chiaroveggenza o auditivi, di trasfigurazione ecc. solennemente dimostrati ed affermati dalla scienza in merito alle apparizioni degli spiriti - I morti sono vivi!... A che serve lo spiritismo e che fanno gli spiriti nell'altra vita - Insegnamenti e filosofia del vero Spiritualismo.

In tutti i tempi questo problema ha conturbato lo spirito umano. I profeti e i sapienti dell'antichità dubitarono, la filosofia ne discusse come di un enigma insolubile, e la scienza moderna, invece di chiarire le difficoltà e di fortificare le nostre speranze, l'ignora del tutto e ci offre degli argomenti invece di una risposta affermativa.

Nondimeno le ultime conclusioni cui si è giunti, in senso negativo o affermativo, non hanno soltanto un interesse capitale per ciascun di noi, ma debbono determinare, secondo me, la felicità o la miseria futura del genere umano.

Se la risposta fosse definitivamente negativa; se tutti gli uomini si persuadessero che non esiste altra vita all'infuori della terrena; se i fanciulli fossero educati alla credenza che l'unica felicità di cui si possa godere si trova in terra, allora la condizione dell'uomo sarebbe affatto disperata, poiché non vi sarebbe più ragione di agire conforme alla giustizia, alla lealtà, al disinteresse, né l'indigente, l'egoista o il malvagio avrebbero più motivo sufficiente per non cercare sistematicamente il proprio benessere a scapito dell'altrui.

La felicità della specie, in un remoto avvenire, adombrato da alcuni filosofi, non farebbe colpo sulla maggioranza degli uomini, visto che la scienza insegna la fine immancabile del pianeta e dei suoi abitanti.

Il maggior bene per il maggior numero, nobile ideale di tanti filosofi, non sarebbe mai ammesso come movente di azione da coloro che cercano il loro godimento personale.

La ironica domanda: Che fecero per noi gli antenati? parebbe giustificare l'egoismo universale, incurante più che mai della sorte che potrà toccare alle generazioni avvenire.

Ma oggi, a dispetto della fede e dell'educazione religiosa che ci han formato il carattere, il culto dell'io prevale infinitamente. Cessata questa potenza, sottentrerà ad essa una totale incredulità, un'assenza di qualsiasi persuasione che sia capace di condurci allo sviluppo di noi stessi come l'unico mezzo di felicità permanente.

Da quanto precede risulterebbe fatalmente che la forza sola costituirà il diritto, che i più deboli saranno sempre e inevitabilmente schiacciati e che il mondo sarà dominato dalle passioni sbrigliate dei più forti e dei più egoisti.

Per buona sorte, un tale inferno non potrebbe esistere poiché sarebbe fondato sopra una menzogna, e poiché delle cause agiscono efficacemente per impedire all'uomo di respingere la credenza nella propria natura spirituale, e nella continuità dell'esistenza dopo la morte.

Vediamo dunque la natura di coteste cause ed influenze, e come, se dei serii pensatori e scienziati si facessero avvocati dell'incredulità, e che questa divenisse universale e fosse fondata sulla verità, il fatto sarebbe disastroso pel genere umano.

Fino all'ultimo secolo, presso le nazioni civili, la massa implicitamente accettava la credenza di una vita futura e di un principio spirituale nell'uomo. Oggigiorno i più illuminati pensatori respingono cotesta credenza come destituita di prove, e la dicono inammissibile e perfino inconcepibile.

Ma, se una parte considerevole delle classi intelligenti e laboriose adottò invece la contraria dottrina, a che si deve il successo di coteste idee che diconsi positive?

La fede in una vita futura ebbe forse origine e fondamento nella fede all'esistenza e all'apparizione sulla terra, in date epoche, di esseri spirituali o di anime di morti; poi ancora in tanti fenomeni ben noti di fantasmi, visioni, avvertimenti, predizioni, ecc. Prevalevano queste credenze quasi universalmente due secoli fa, poi di botto si affievolirono. I sapienti odierni, in genere, le tengono per favole o superstizione, e tanto riuscirono a diffondere le loro teo-

13

rie negative, che molti non tollerano nemmeno che la questione sia discussa! Respingendo la possibilità dei fenomeni, considerano ogni credenza simigliante come un indizio d'ignoranza e di degradante superstizione.

Questa rivoluzione quasi improvvisa nei sentimenti (poiché solo di sentimenti si tratta, e non già di credenze basate su cognizioni e ricerche), può essere attribuita a due motivi potenti: da una parte, la mania per le scienze magiche nel medio evo, dall'altra, lo sviluppo delle scienze fisiche.

La mania medievale per la stregoneria, progredendo in intensità ed orrore, toccò il parossismo nei secoli XVI e XVII, epoca in cui migliaia d'innocenti, spesso di molto superiori ai loro accusatori, furono torturati e trucidati sotto l'imputazione di commercio personale col demonio.

Tutto intero il mondo religioso fu impregnato della credenza in Satana, fino al punto che la prima accusa venuta bastava per farvi arrestare, come reo di stregoneria. Uomini, donne, fanciulli, a migliaia, furono così messi a morte per soddisfare le furiose passioni eccitate dalle manifestazioni diaboliche.

Quelli che visitavano e guarivano gl'infermi erano accusati di possedere poteri satanici e bruciati come stregoni.

L'orrore, la crudeltà, l'assurdità di queste persecuzioni provocarono naturalmente una reazione. Le persone umane ed intelligenti videro che la maggior parte delle credenze comuni erano certamente false; e da ciò, con troppa precipitazione, inferirono che in quelle idee esaltate non

14

c'era ombra di vero.

Su quell'orgia di atrocità si leva intanto il sole della scienza moderna con la sua luce abbagliante. Galileo e Keplero, Harvey e Bacone, Newton e Bayle, studiavano i fenomeni dell'universo materiale, mentre che Berkeley e Descartes gettavano i fondamenti della filosofia scettica. Lo spirito umano era sottratto a quelle orrende superstizioni e condotto a contemplare la natura e l'anima; da quel momento, la magia e fede nella immortalità dell'anima furono insieme bandite come indegne superstizioni.

Nella sua importante *Storia del razionalismo in Europa*, Lecky dice che il mutamento di opinioni non fu già effetto di evidenza o di logica bensì di sentimento e d'istinto: egli ammette che i fatti e i ragionamenti erano egualmente in favore di quelli che sostenevano la realtà dei fenomeni di magia. I più insigni scienziati del tempo, Glanvil, Enrico More, Roberto Bayle: tutti i magistrati d'Inghilterra, non escluso lord Hale, personalmente si diedero ad investigare i fatti e ad esaminarne con rigore scientifico l'evidenza: ebbene, non furono combattuti che col ridicolo o con debolissimi argomenti. I magistrati non vogliono più giudicare e punire le streghe; le persone intelligenti dunque non hanno più nulla da vedervi né da apprendere. Un'altra causa c'è, importantissima, per spiegare l'arresto, almeno palese, dei fenomeni di magia.

Gli stregoni, secondo me, erano persone fornite di certi doti, che noi oggi diremmo medianiche: per due o tre secoli furono sistematicamente perseguitati e sterminati. Con la loro disparizione, cessarono le manifestazioni di cui essi erano mezzo ed origine, fino a che non sorga una novella generazione che possa disporre delle loro medesime facoltà.

Da quel tempo in poi, la scienza e il potere dell'uomo sulla natura progredirono a passi di gigante, mentre la filosofia, scrutando le profondità dell'universo, non ha trovato fondamento al soprannaturale: colore, luce, elettricità, non sono che vibrazioni molecolari della materia; le forze vitali, da cui dipendono lo sviluppo e il movimento del mondo organico, sono trasformazioni di quella energia le cui tracce furono seguite e scoperte fino nell'attività delle molecole. Da questo fatto, che la vita è inerente alla materia, derivò negli scienziati odierni un modo di vedere secondo il quale non c'è posto nella natura per lo spirito, e la credenza che la materia, in movimento, la materia molecolare che noi vediamo, sentiamo, pesiamo e misuriamo, abbracci tutto l'universo e sia la sorgente di tutte le forze e di tutte le manifestazioni della vita che esistono o possano esistere.

Lo scetticismo è così diffuso da invadere persino le chiese. Il vescovo Colenso e Carlo Voysey rappresentano i partiti estremi di un clero intelligente che non crede ai miracoli, perché non sono fatti scientifici.

La scienza è penetrata così addentro nei misteri della natura senza trovar lo spirito, da non poter credere che lo spirito esista, mentre i fisiologi, studiando tutte le manifestazioni dello spirito e il lavorio cerebrale, non ammettono la possibilità di uno spirito senza un corrispondente organo materiale.

In mezzo a questo mondo del pensiero del secolo XIX, mondo grossolanamente materialista o idealista, scoppiò come fulmine a ciel sereno lo Spiritualismo moderno, provando e l'azione dello spirito senza cervello materiale e l'azione della forza senza corpo materiale; e questa dimostrazione venne fatta per mezzo di un gran numero di fatti continuamente ripetuti, i quali hanno scosso e trascinati uomini di tutte le classi, scienziati, giureconsulti, sacerdoti, ecc.

Nell'epoca più materialistica della storia, in mezzo ad una società che si vanta di respingere ogni superstizione e di appoggiar le sue credenze sulle basi della scienza. fisica, questo nuovo e non chiamato visitatore s'introdusse improvviso e si mantiene da oltre quarant'anni vivo e vitale. E' penetrato in tutti i paesi del mondo civile, possiede una vasta letteratura, un gran numero di giornali, qualche centinaio di Società organizzate; conta i suoi proseliti a milioni in tutte le classi sociali, fra le teste coronate e l'aristocrazia e fra quelli che occupano i seggi più elevati nella scienza, nella letteratura, nella filosofia, non meno che fra le masse popolari; infine, per una quantità enorme di casi individuali, ha fatto quel che nessuna religione potè fare, ha convinto gli scettici, gli agnostici e i materialisti induriti della realtà di un mondo spirituale e di una vita futura.

Nulla ignorando della storia e della letteratura di questo movimento - al quale da molti anni partecipo - io non mi son mai imbattuto in un sol caso di un uomo che, convintosi in seguito a rigorosa indagine della realtà dei fenomeni spiritici, abbia poi perduto questa fede e scoperto che

17

tutto era impostura e furberia. E bisogna tener presente esser quasi una regola, che tutti gli uomini istruiti e specialmente gli scienziati studiano l'argomento con una forte dose di pregiudizio, persuasi che la credenza si fondi sulla credulità e la frode e che riuscirà loro agevole di scoprire e denunziare l'inganno.

Tale era la disposizione di spirito del prof. Hare, il primo chimico americano del suo tempo, all'inizio delle sue ricerche. Lo stesso si dica del giudice Edmonds, giureconsulto americano dall'ingegno perspicace e indagatore; dell'on. Roberto Dale Owen, materialista, dalle idee elevate e filosofiche. Lo stesso per W. Crookes, chimico insigne, e per cento e cento altri. Tutti consacrarono, non già ore o settimane ad un esame frettoloso dell'argomento, ma molti e molti anni a ricerche e pazienti esperienze; e l'effetto fu questo, che più profonda ed acuta era l'inchiesta, più i fatti fondamentali e la dottrina si accertavano e si assodavano.

Il progresso dunque e tutta la scienza dello Spiritualismo proclamano che esso non è impostura o illusione o sopravvivenza d'idee selvagge, bensì una grande e importantissima verità.

Enumeriamo ora le varie fasi di fenomeni e il loro valore rispetto alla dottrina d'una vita futura.

In due grandi gruppi van separati i fenomeni: fisici e intellettuali. Gli uni e gli altri richiedono quasi sempre l'intervento dell'azione dello spirito. Nel primo gruppo abbiamo i fenomeni puramente fisici, fra i quali una immensa varietà di effetti, come suoni d'ogni sorta, dai più delicati ai più violenti. Abbiamo poi l'alterazione del peso, fatto spesse volte attestato. In presenza del celebre medio Home, io ho veduto una massiccia tavola da pranzo, pesata in piena luce, presentare, senza possibile mezzo di errore, un cambiamento di peso che toccava le trenta o quaranta libbre.

Abbiamo anche i fenomeni di movimento senza contatto di oggetti svariati, come seggiole, tavole, strumenti musicali. Son questi i fenomeni più comuni e famigliari a quanti si occuparono della cosa. Più singolare ancora è il trasporto di oggetti a distanza, per lo più fiori e frutta, ma altre volte anche lettere e gingilli trasportati spesso molte miglia lontano.

Abbiamo poi il curioso fenomeno, di tempo in tempo menzionato dalla storia, della levitazione del corpo umano e, in qualche caso, del suo trasporto a distanze considerevoli. Ripetuto più e più volte, in varie circostanze, questo fatto ha anche avuto luogo per persone tutt'ora vive.

In appoggio di ciò, ricorderò una circostanza da me stesso osservata, verificatasi senza medio professionale in casa di un mio amico a Londra.

Un artista e la sua famiglia tenevano delle sedute una volta alla settimana. Un giorno il medio era assente perché infermo, e uno delle figlie, che avea dato indizi di medianità, fu trasportata in modo singolarissimo tutt'intorno alla camera. In quest'occasione, spegnemmo i lumi, come sempre: la giovanetta sedeva tra il fratello e un amico che le tenevano le mani. L'oscurità era in questo caso una condizione che rendeva ancor più difficile quel che accadde. Dopo un momento, le persone che tenevano le mani, dissero: *Non c'è più*. Fatta la luce, trovammo la fanciulla lunga distesa sulla mensola del caminetto, a qualche metro più in là, con le vesti succinte perché potesse star meglio adagiata, cosa che ella non avrebbe potuto fare a motivo del buio.

Ma ecco dei fatti ancor più straordinari, perché al difuori di ogni umano potere: parlo dei nodi fatti con corde senza capi, delle monete tolte dall'interno di scatole chiuse, degli anelli solidi fatti entrare intorno ad un corpo molto più largo perché potessero passare con qualsivoglia mezzo naturale.

Tutto ciò è accaduto in piena luce diurna, in presenza del dottor Zoellner e di due suoi colleghi. Egli stesso ha narrato l'esperimento nella sua *Fisica trascendentale*.

In altre occasioni, accade un fatto stranissimo: il passaggio visibile della materia attraverso la materia, senza che questa sia rotta o disgregata.

Io stesso ho veduto più volte, in piena luce, dei bastoni e dei fazzoletti traversare una tenda, la quale, esaminata subito dopo, non presentava alcun cambiamento. Questo fatto ci aiuta ad intendere molti altri fenomeni che giornalmente si presentano.

Passiamo ora ai fenomeni fisici combinati coi mentali, quali sono la scrittura e il disegno. Data la loro frequenza, non c'è oggi, si può dire, chi non li abbia constatati. In mille modi si manifestano. Una carta, gettata sul pavimento e ripresa qualche minuto dopo, si trova coperta di scritto; così pure una carta chiusa in un cassetto; ovvero anche lo spirito scrive sotto il soffitto in posti inaccessibili. Uno scritto si forma tra due lavagne legate, e spesso in presenza e sotto la mano di chi lo ha domandato; qualche volta la frase è formulata in una lingua incompresa dal medio, qualche altra in una lingua che nessuno degli astanti conosce. Un mio amico, in Inghilterra, ottenne in famiglia, senza concorso di medio di professione, una comunicazione in lingua indecifrabile, che fu poi spiegata da un missionario delle isole del mare del Sud: era scritta correttamente, e nessuno in casa conosceva di quell'idioma una sola parola.

Un altro fenomeno fisico meraviglioso è la scrittura di vari colori, in assenza di qualsiasi materia colorante. Anche dei disegni si presentano in forme svariatissime. Alcuni a pastello, altri ad olio, altri ad acquarello. Si citano esempi di persone, che ottennero una pittura sopra un proprio foglio di carta cui avevano, per contrassegno, tagliato un angolo.

Vengono ora i fenomeni musicali. Degli strumenti suonano da sè, qualche volta dei pianoforti chiusi a chiave. Io ho visto un organetto suonare e smettere alla richiesta di una persona. Decine di migliaia di persone hanno constatato il fenomeno di un accordeon tenuto da una mano, e la cui tastiera era sfiorata da dita invisibili producendo una musica deliziosa.

Abbiamo in seguito i fenomeni chimici. Consistono essi soprattutto nella protezione contro l'azione del fuoco. Home, il medio forse più potente che sia mai stato, poteva cavar dal fuoco un carbone ardente e portarlo in mano girando per la camera; indicava anche coloro che erano capaci di maneggiare il fuoco senza bruciarsi, e infatti consegnava loro il carbone ed essi non sentivano scottature di sorta.

Una volta, il noto scrittore Hall si pose in capo un tizzo acceso che brillò fra i suoi bianchi capelli, in presenza di molte persone. Né i capelli bruciarono, né Hall sentì alcun dolore.

Altro fenomeno mirabile è la produzione di corpi luminosi, solidi in apparenza, e fosforescenti. Esaminati dal Grookes, questi dichiarò che la chimica moderna è incapace di spiegarne la natura e di produrne di simili.

Arriviamo in seguito a un altro gruppo di fenomeni ancora più meravigliosi, detti materializzazioni o produzione di forme materiali temporanee, isolate dalla natura circostante. Si presentarono in principio delle mani, che qualche volta visibilmente scrivevano ed erano tangibili; poi delle figure umane si formarono; poi, dopo un certo tempo, una forma umana completa apparve; e la cosa oggi, per quanto se ne sia dubitato, è provata e conosciutissima.

Il Crookes fece delle indagini e ne pubblicò i risultati. L'esame fu rigoroso e per lungo tempo proseguito, in casa propria, nel proprio laboratorio, coi propri metodi. Codeste figure furono fotografate, pesate, misurate. Il Crookes mise in opera tutti i mezzi scientifici per giungere alla prova, e dichiarò che assolutamente e positivamente esistono degli esseri che temporaneamente si obbiettivano.

Non è oramai cosa rara di vederli formarsi, e poi dissolversi in nebbia, e alla fine dileguarsi: abbiamo dunque la prova completa e perfetta che codesti esseri esistono.

Eccoci ora ad un altro ordine di fenomeni, che costituiscono una vera prova scientifica della realtà dei precedenti, voglio dire la possibilità di fotografare le apparizioni materializzate. Abbiamo fotografie di fantasmi, che furono visibili, e di fantasmi invisibili. Queste fotografie non furono prese soltanto da fotografi di mestiere, ma anche da dilettanti, nei propri laboratori, cioè da persone che studiavano l'argomento solo per giungere alla verità e non potevano quindi essere ingannate; e tutte dimostrano che le fotografie ottenute erano indiscutibilmente autentiche.

Altro fenomeno non meno stupendo è la produzione di modelli di mani, o piedi o anche intere figure degli esseri spirituali temporaneamente formati. Si ottennero questi modelli con la paraffina liquefatta. Si liquefa questa nell'acqua bollente: le mani vi s'immergono e poi si ritirano, e gli stampi restano galleggianti in un altro vaso di acqua fredda aderente al primo. Si trovano questi stampi interi, con l'oroficio al polso molto più piccolo della mano: certo non c'è mano d'uomo che possa fare altrettanto. Allo stesso modo si modellarono dei piedi, dovettero esser l'opera di un potere invisibile.

A Washington, un signore ottenne con questo processo il modello di due mani intrecciate, complete fino al polso: il che per qualunque essere umano, è di una impossibilità fisica assoluta.

Un patrizio parigino intraprese tempo fa una lunga serie di esperimenti consimili, e ne ottenne dei piedi, delle mani, e poi delle figure di ambo i sessi di tipo greco. Il medio era persona ordinaria, che io conosco personalmente.

Questi modelli, esposti a Londra, furono giudicati bellissimi e riconosciuti per somiglianti da chi ne aveva evocato e visto le forme originali materializzate.

Arriviamo ora ai fenomeni intellettuali, interessantissimi per gli spiritisti, ma in genere meno convincenti per gli scettici e per chi non si sia specialmente occupato dell'argomento. Consistono essi, innanzi tutto, nella scrittura così detta automatica, prodotta cioè dalla mano del medio contro o indipendentemente dalla propria volontà e superiore alle sue cognizioni. Di tali scritture ne abbiamo d'ogni sorta; alcune danno dei buoni consigli, altre forniscono informazioni sopra argomenti ignorati dal medio. Un mio amico, medico e fisiologo eminente, acquistò questo potere medianico e ne fece per molti anni uno studio speciale. Cominciò lo studio per mera curiosità e da un punto di vista tutto fisiologico. Poi l'esercizio divenne abitudine, e molto gli giovò nelle sue occupazioni, avvertendolo anticipatamente di consulti cui sarebbe stato chiamato, del giorno, dell'ora, e dandogli anche dei buoni suggerimenti.

Altri fenomeni son detti di chiaroveggenza o auditivi. Il soggetto ode o vede gli spiriti. Le persone dotate di tal facoltà possono descrivere quel che vedono e ripetere le parole udite, in guisa che gli amici delle individualità spirituali possono agevolmente riconoscerle. A volte, il soggetto può anche descrivere quel che accade lontano.

Un altro di questi strani fenomeni mentali è la parola in istato di sonno magnetico o rapimento. In tutte le parti del mondo si trovano ora medii così dotati, il fenomeno comincia quasi o del tutto involontariamente. Il medio cade in rapimento, e parla senza aver coscienza di quel che dice. Dopo un certo tempo, acquista grado a grado questa coscienza, ma non tratta già a suo talento degli argomenti che va discutendo.

. Uno di questi medii parlanti, il Morse, lo incontrai a Londra. In quel tempo, diceva Serjcant Cox, l'illustre lette-rato: «Gli ho proposto i più ardui quesiti di psicologia, e ne ho sempre avuto risposte giudiziose in un linguaggio scelto ed elegante; eppure, un quarto d'ora dopo, egli era incapace di rispondere alla più semplice domanda e non trovava perfino parole per esprimere un luogo comune».

C'è, per questo medio, un'altra piccola prova interes-sante, che io stesso ebbi occasione di provocare. Il suo spi-rito-guida si diceva filosofo cinese e chiamavasi Tien-Sie-n-Ti. Nessuno sapeva il significato di questi tre monosilla-bi. Io avevo allora un amico, che faceva da interprete pres-so l'ambasciata cinese, e gli domandai, senza fargli men-zione d'altro, che cosa volesse dire Tien-Sien-Ti. Mi rispo-se subito: «Vuol dire: spirito guida celeste». Risposta che io considerai come una prova meravigliosa.

Una notevole facoltà si collega alla medianità parlante, e molti medii ne son dotati, la facoltà dell'incarnazione, e si potrebbe anche dire della trasfigurazione. Il medio sem-bra posseduto da un'altra personalità e ne fa le veci con tanta perfezione nella voce e nei modi, mutandosi a volte quasi fisicamente, da parere lo spirito stesso che cerca di manifestarsi. Si direbbe quasi quando l'influenza è poten-te, l'ossessione demoniaca di altri tempi. Il medio può allora, qualche volta, conversare con persone che parlino una lingua a lui ignota. Abbiamo di ciò una prova positiva nel caso del giudice Edmonde: sua figlia, giovanetta mediocremente istruita, discorreva spesso in diverse lingue europee o indiane, delle quali nello stato normale non aveva la più lontana nozione.

Posso anche citare la signorina Isabella Beecker Hooker come uno dei più singolari medii ad incarnazione. Quando era in trance, la si vedeva mutar figura fino a rassomigliare a coloro che per suo mezzo parlavano.

Eccoci ora ad altro potere singolarissimo che non so dire se sia fisico o mentale, il potere di guarire. Lo abbiamo sotto varie forme. Il medio è capace di vedere e descrivere tutta l'anatomia interna, di scoprire i mali, di precisarne la sede, di dirne la natura, di prescriverne il rimedio. In altri casi, il medio è capace di ottenere una cura col solo contatto delle mani.

Ecco dunque una serie di dodici classi distinte di fenomeni, ciascuna delle quali racchiude una enorme varietà di casi. Per ciascuna classe, i fatti furon sottoposti al più rigido esame, per varie decine di anni, da migliaia di osservatori, intelligenti e scettici. Per ciascuna delle classi, i fatti furono dimostrati completamente reali, come qualunque altra solenne verità della scienza fisica. Tenuto conto del gran numero di uomini sommi che studiarono l'argomento e ne dichiararono le conclusioni, possiamo francamente respingere l'idea che l'impostura, meno che in una scarsissima proporzione, abbia potuto produrre quegli svariati fenomeni.

Consideriamo ora i tratti caratteristici di codesti fatti. Che ci mostrano essi, guardati nel loro complesso? Prima di tutto, le caratteristiche dei fenomeni naturali in opposizione a quelle dei fenomeni artificiali, una uniformità generale di tipi, una varietà inesauribile nei dettagli.

In tutti i paesi del mondo, in America, in Europa, in Australia, così in Inghilterra, come in Francia, in Italia, in Russia, in Ispagna noi troviamo dei fatti dello stesso tipo generale, mentre le singole differenze mostrano ch'essi non sono servilmente copiati gli uni su gli altri: siano i medii uomini o donne, ragazzi o fanciulle, o anche qualche volta bambini, siano istruiti o ignoranti, civili o selvaggi, noi vediamo lo stesso fenomeno generale presentarsi col medesimo grado di perfezione.

Ne consegue per noi che i fenomeni non naturali, che si producono sotto l'azione di leggi generali determinanti i rapporti tra il mondo spirituale e il mondo materiale, e che finalmente sono anche d'accordo con l'ordine stabilito in natura.

Inoltre - e in ciò forse risiede il più importante loro carattere, - questi fatti dal primo all'ultimo sono essenzialmente umani. Vi si adopera il linguaggio umano, la scrittura, il disegno; vi si manifesta una logica, un giudizio, un'arguzia, una emozione, che tutti noi possiamo apprezzare e giudicare; le comunicazioni variano di carattere come accade per quelle degli uomini; ora triviali, ora elevate sono sempre sostanzialmente umane; quando gli spiriti parlano, la voce loro è voce umana; quando divengono visibili hanno visi e mani come noi, quando ci vien fatto di toccarne le forme, di esaminarle, noi le troviamo umane, e non già come di esseri di un'altra specie. Le fotografie son sempre quelle di nostri simili, e non mai di demonii o di angeli. Quando negli stampi di paraffina si producono mani, piedi e visi, son sempre, fino ai minimi dettagli, membra di uomini o donne, benché non siano quelle del medio.

Tutti questi svariati fenomeni hanno dunque carattere umano: né già esistono due gruppi, di manifestazioni umane e di manifestazioni extra umane: sono tutti simili.

Davanti a questo cumulo schiacciante di prove, che pensare del buon senso o della logica di coloro i quali affermano che noi siamo tutti degli illusi; che quasi tutte codeste comunicazioni e manifestazioni emanano da quel che essi chiamano spiriti elementari, spiriti inferiori, che non furono mai uomini? Io non trovo di questa singolare credenza nessuna prova che non già piccolissima. Se noi ricevessimo una lettera dal centro dell'Africa, scritta in buon inglese, su carta americana o europea, con penna metallica e buon inchiostro cinese, sol perché firmata *Satana* o *Elementare*, dovremmo noi conchiudere che tutta quella regione è abitata da demoni o da spiriti elementari?

Ma lasciamo queste considerazioni generali sul carattere essenzialmente umano delle manifestazioni spiritiche, e vediamo le numerose prove dell'identità degli spiriti che si manifestano, le quali dimostrano essere essi uomini e donne che vissero in terra.

Abbiamo innanzi tutto una prova generale nel fatto della lingua adoperata nelle varie comunicazioni. Nei paesi dove si parla francese, inglese, tedesco, o qualche altra lingua, il complesso delle comunicazioni è in codeste lingue, ciascuna rispettivamente. Gli spiriti indiani che, in Inghilterra e negli Stati Uniti, loro patria, son così spesso guide dei medii, si esprimono abitualmente in cattivo inglese o inglese frammisto d'indiano. In qualunque lingua siano scritte le comunicazioni, sono intelligibili a chi le riceve.

A volte non accade così, quasi lo spirito volesse dar prova del suo potere; ma son sempre in qualche lingua conosciuta.

Supporre che una classe di esseri inferiori si sia così assimilate tutte le forme degli idiomi dei popoli civili, sarebbe grossolanamente assurdo.

In quanto all'identità, abbondanti sono le prove. Citerò uno o due casi, prendendoli dalle mie esperienze personali o da quelle di amici che direttamente me le riferirono.

Il notissimo signor Blaud di Washington teneva frequenti sedute con una signora, una amica personale, e non già medio di mestiere o pagato. Per mezzo di lei otteneva spesso delle comunicazioni da sua madre. Nulla sapeva delle fotografie spiritiche, ma una volta sua madre, per bocca del medio, gli disse che se voleva andare da un qualunque fotografo di Cincinnati, ella avrebbe tentato di apparirgli accanto sulla negativa. Blaud uscì col medio, e tutti e due se n'andarono dal primo fotografo capitato e dissero di volersi fare il ritratto.

Posarono insieme, e quando la fotografia sviluppò l'immagine, disse il fotografo che la prova era venuta male, perché si presentavano sulla negativa tre figure invece di

29

due. Risposero che stava bene, e che tirasse pure le copie; ma, con sua grande meraviglia, vide il Blaud che la terza figura non era quella di sua madre.

Quel che segue è importantissimo. Tornato a casa, domandò il Blaud come mai uno sconosciuto era venuto sulla negativa? E lo spirito della madre gli disse, che quello era un amico venuto con lei, essendo più esperto in materia, e che aveva voluto per primo tentar l'esperimento: tornasse a provare ed ella stessa sarebbe apparsa.

Così fecero, e così accadde. Allora, per allontanare ogni sospetto che il fotografo si fosse servito d'un ritratto della madre, un amico suggerì al Blaud di pregar la madre di ricomparire, ma con un lieve cambiamento del vestito, per mostrare che non c'era inganno. Vi si recarono dunque una terza volta, ed ebbe un altro ritratto, somigliantissimo al primo, ma con questo di mutato che lo spillo non era lo stesso. Io ho veduto questi tre ritratti, ed ho raccolto tutto il racconto dalla bocca stessa del Blaud.

Un altro caso eloquentissimo è quello di un mio amico, ufficiale dell'armata degli Stati Uniti. Da circa trent'anni, studiava lo spiritismo: aveva ottenuto frequenti comunicazioni dalla figlia morta da molti anni. Un giorno n'ebbe una sotto la forma visibile di una bella signora a lui ignorata, e che diceva chiamarsi Nelly Morrison, amica di sua figlia. Il giorno appresso questa si presentò, ed egli le chiese chi fosse codesta Nelly: ella gli rispose che era una sua amica, figlia di un ufficiale, del quale disse anche il grado con altri particolari, soggiungendo che era morto a Filadelfia. Fatte delle indagini, il mio amico si assicurò che appunto c'era stato un ufficiale di quel nome, morto nell'epoca indicata.

Volle allora saperne di più, e domandò novelle indicazioni agli spiriti. Gli fu risposto che anche la giovane era morta a Filadelfia; gli s'indicò la casa dove la morte era avvenuta, l'età e l'indirizzo della suocera con la quale ella era vissuta per parecchi anni. Il mio amico si recò a Filadelfia, andò prima alla casa designata, trovò corretta l'indicazione, poi si presentò alla suocera e verificò la completa esattezza della comunicazione.

Un' altra volta, riapparve la visione. Aveva una stupenda chioma di un biondo dorato. Egli le domandò se potesse tagliarne una ciocca, e tagliatala la portò alla suocera, la quale esclamò subito: Ma questi sono i capelli di Nelly!

Anche un'altra prova ebbe. In un'altra seduta, la figlia gli parlò della giovane signora, chiamandola Ella. Era questo il vero nome? Si, ma si soleva chiamarla Nelly. Scrisse alla suocera per sapere se fosse quello il vero nome della nuora, e il fatto gli fu confermato.

Quel che rende maravigliosa e completa questa serie di prove è che esse furono ottenute non già con un sol medio, ma con quattro, in epoche distinte e in tre città diverse. Le evidenze son tali e tante, che mi pare impossibile si possa spiegarle altrimenti che per vere manifestazioni di spiriti.

Ecco ora un mio caso personale occorsomi in America. Io avevo un fratello, Guglielmo, col quale da giovane vissi sette anni, e che morì circa quarant'anni fa. Questo mio fratello aveva precedentemente avuto un amico a Londra per nome Guglielmo Martin, nome che io ignoravo, per-

ché egli mi parlava sempre di lui chiamandolo semplicemente Martin. Ora, dopo quarant'anni, assistendo un giorno ad una seduta a Washington, ebbi la comunicazione seguente: *Io sono Guglielmo Martin, scrivo invece di Guglielmo Wallace, il quale vi si manifesterà, potendo, in altra occasione.* Certo come sono che nessuno nell'Est sa-
pesse il nome di mio fratello e i suoi rapporti col Martin,
mi parve questa una prova luminosa di identità.

Di fatti simiglianti si potrebbero empir dei volumi; eppure ci sono alcuni che, sfiorato appena l'argomento, ci
oppongono: «Sì, possono i fatti esser veri, ma non sono
certamente prodotti dagli spiriti dei morti, perché ciò sarebbe assurdo». Io ribatto: «Perché assurdo?» E non ho
mai avuto una risposta ragionevole né mi è mai riuscito di
trovare dove sia l'assurdo.

Chiamerò ora la vostra attenzione su qualcuno degli insegnamenti storici e morali dello Spiritualismo, dato che
esso sia la verità. A me sembra non poco importante, se lo
Spiritismo accetti come storici molti fatti riguardati dai
dotti come imposture o illusioni. Lo Spiritismo può consi-
derare il gran filosofo greco, Socrate, come un uomo sano
e il suo demone come un essere spirituale intelligente o
come un angelo custode. L'antispirista deve credere invece
che uno degli uomini più insigni, più puri e sapienti che
siano mai stati, fu soltanto vittima di un'illusione mentale,
e fu così debole, pazzo o superstizioso, durante tutta la sua
vita, da mai accorgersi che si trattava di un'illusione. Bisogna credere e sostenere che quell'uomo sublime, quell'ar-
guto ragionatore, che fu venerato, amato e ammirato da

tanti grandi suoi seguaci e discepoli, fosse dominato da ubbie e che non riuscisse mai a riconoscerle per tali. E' per noi un gran conforto di non dovere a tal segno disistimare un uomo come Socrate.

Ci permette inoltre lo Spiritismo di pensare che gli oracoli dell'antichità non furono sempre delle imposture, e che il popolo più intelligente ed accorto che sia stato al mondo non fu costantemente ingannato. Plutarco ci dice che le profezie di alcuni oracoli non furono mai trovate false o imprecise. Avrebbe egli, un così solenne scrittore, formulato una tale affermazione, se gli oracoli fossero stati tutti o indovinelli o imposture? Solo gli esperimenti e i fatti provati dello Spiritismo ci permettono d'intendere questi antichi eventi registrati dalla storia.

L'antico e il nuovo Testamento son pieni di Spiritismo, e solo a questo è dato di riconciliare la Bibbia con una intelligenza. La mano che scrisse sulla parete durante l'orgia di Baldassarre, e i tre uomini incolumi nella fornace ardente, ricordano gli attuali fatti spiritici, senza che sia mestieri di cercare altre spiegazioni.

Le teorie di San Paolo sui doni spirituali divengono perfettamente intelligibili; e quando ci si narra che Cristo scacciava gli spiriti malvagi, possiamo credere che così fosse in effetto. Possiamo credere che cambiò l'acqua in vino, che pane e pesci furono moltiplicati da bastare a 5000 persone, manifestazione spinta fino all'estremo di un potere che anche oggi esiste fra noi. Rientrano nella medesima categoria i miracoli dei santi, e noi possiamo comprendere che il grande e buon San Bernardo abbia operato prodigi in piena luce, di giorno, davanti a migliaia di spettatori, come testimoni oculari ci hanno riferito[2].

Anche la magia diventa intelligibile per lo spiritista, il quale, avendo assistito a vari fenomeni caratteristici di essa, è in grado di separare i fatti reali dalle assurdità aggiuntevi da gente superstiziosa, infatuata nelle credenze demoniache, e cagione di tutti gli orrori delle persecuzioni religiose.

Lo Spiritismo dimostra la realtà di forme materiali e di modi di esistenza, inaccettabili per chi si appoggi sulla pura scienza fisica. Esso ci prova che lo spirito può esistere senza un cervello, e staccato da qualsiasi sostanza materiale; distrugge il pregiudizio contro la continuazione dell'esistenza dopo la disorganizzazione e la distruzione del corpo; documenta con prove dirette che i pretesi morti son tuttora vivi, che i nostri amici, benché invisibili, sono spesso con noi; ci dà la diretta evidenza di quella vita futura così ardentemente agognata dai molti e che loro vien meno facendoli vivere e morire in un'ansietà tormentosa.

Inaprezzabile certezza questa che ci porgono le comunicazioni spiritiche, perché dissipa tutti i dubbi intorno ad una esistenza di oltre tomba.

Un mio amico ecclesiastico, testimone di vari fenomeni spiritici, e che prima era oppresso dal dolore per la morte di un figlio, mi diceva: «Sono ora pieno di fiducia e di gioia; mi sento un altro uomo». Tale è l'effetto del moderno Spiritualismo sopra un uomo cui avanzava solo un resi-

---

2 Qui il Wallace accenna appena alla questione dei miracoli, di cui tratta poi diffusamente nel suo volume: *I Miracoli ed il moderno spiritualismo*. N. D. E.

duo di fede cristiana, ed esso costituisce la migliore risposta a coloro che domandano: A che serve?.. Eppure, molti ancora son quelli che muoveranno questa domanda, cercando quel ch'essi chiamano un vantaggio pratico, un qualunque profitto per la loro vita materiale.

Riflettiamo un poco a quel che risponderebbe un missionario, cui un Zulù o un Cinese chiedessero: «Che vantaggio mi darà il Cristianesimo? Mi farà vivere più a lungo? Mi guarirà quando sarò infermo? Impedirà ai miei raccolti di andare a male? Mi farà avere fortuna al giuoco? Mi darà di sconfiggere i miei nemici?»| Non risponderà forse il missionario che nulla di tutto ciò può fare il Cristianesimo? Eppure, molti di coloro che fanno questa domanda credono al Cristianesimo e alla civiltà; sono orgogliosi di esser cristiani e civili, e chiedono e pretendono dallo Spiritismo queste medesime cose come se fossero gli unici risultati che lo renderebbero degno di esistere. Tutto ciò che posso dire a costoro è questo, che io ho pietà del concetto ch'essi si fanno della verità spirituale.

L'insegnamento essenziale del moderno Spiritualismo sta in ciò, che tutti noi, con ogni atto, con ogni pensiero, ci formiamo una natura mentale e spirituale, che sarà per noi molto più importante dopo morti che non ora. Secondo la buona o cattiva costruzione di cotesta natura spirituale, il nostro progresso e il nostro benessere saranno attivati o ritardati; secondo che avremo sviluppato ed elevato il nostro essere morale o lasciato deperire con un cattivo uso o una colpevole debolezza pei godimenti sensuali, noi ci troveremo bene o mal preparati per una vita più alta.

Insegna anche lo spiritista che noi sopporteremo le naturali e inevitabili conseguenze di una vita bene o male impiegata, e per esso il credente acquista la conoscenza sicura dei fatti che concernono una esistenza futura.

Anche resistenza del male, problema di tutti i secoli, può esser concepita dagli Spiritualisti come un mezzo necessario allo sviluppo dello spirito. La lotta contro le difficoltà materiali sviluppa la pazienza, la perseveranza, il coraggio e le più alte virtù; la pietà, l'abnegazione, la carità non potrebbero essere esercitate, se l'ingiustizia, l'oppressione, la miseria, la sofferenza, il delitto non le suscitassero. Così lo stesso male può esser necessario per lavorare al bene.

Un mondo imperfetto, condannato alla debolezza e al dolore, è forse la migliore l'unica scuola per sviluppare le più elevate fasi della vita individuale dello spirito.

Mi sono così studiato di esporre in succinto i fatti, gl'insegnamenti, la filosofia del vero Spiritismo. Sarò pienamente remunerato, se avrò indotto soltanto uno o due fra i lettori a ricercar da sè, ad approfondire con serietà di proposito lo importantissimo argomento.

Della realtà obbiettiva dei fantasmi[3]

Tutti coloro che hanno a cuore i problemi relativi alla natura e al destino dell'uomo, debbono una profonda riconoscenza ai membri della Società delle Ricerche psichiche, i quali, in Inghilterra e in America, per una lunga serie di anni, hanno lavorato a raccogliere i casi autentici di apparizioni di specie diversa.

Tutti cotesti casi furono sottomessi a un esame rigoroso e il più che possibile completo, certificati dai testimoni diretti o dalle persone cui i testimoni stessi gli avean riferiti.

Spesso le conferme furono ricercate a prezzo di tempo e di fatiche, e finalmente tutto il cumulo dei fatti fu diligentemente classificato e discusso nei due volumi di *Phantasms of the Living* e nei *Proceedings of the Society for Psychical Researches.*

Aggiungiamo a questi lavori le deposizioni raccolte con non minor cura dal fu Roberto Dale Owen, dal dottor Eugenio Crowel, e da molti altri scrittori, e noi ci troveremo in possesso di una serie di fatti tale da permetterci di arrivare ad una qualsiasi conclusione sulla natura, l'origine e l'interpretazione dei meravigliosi fenomeni conosciuti sotto il nome di fantasmi o apparizioni, che danno luogo a impressioni auditive, tattili, visive, ed emanano da esseri viventi o morti.

Molto dunque dobbiamo alla Società delle Ricerche

---

3 A maggiormente avvalorare la tesi dal Wallace sostenuta nella sua conferenza, facciamo seguire questo suo studio sulla *Realtà obbiettiva dei fantasmi*, degli esseri cioè appartenenti a quell'altra vita, che egli con tanta copia di erudite argomentazioni sostiene. N. D. E.

psichiche per aver così ben provato l'autenticità dei fatti da escludere ogni ombra di dubbio in quanti si sian dato la pena di valutare il carattere e il numero considerevole delle testimonianze.

Se le persone colte s'indussero ad accettare queste novità, gli è che, da un lato, si fece intravedere la possibilità di una correlazione tra i fatti raccolti e quelli della telepatia sperimentale, e dall'altro ebbero gran peso il numero e la qualità degli uomini eminenti in lettere, arti, scienze, inscritti alla Società e partecipi dei *Proceedings*. Ed infine le prove furono presentate con tanta serietà, con tanta abilità letteraria ed acume filosofico, che si dovette riconoscere che le varie specie di apparizioni, doppii, fantasmi, luci spettrali, voci, suoni musicali, e i diversi effetti fisici che si manifestano nelle case così dette *hantées* sono fatti reali abbastanza comuni, degni di essere seriamente studiati e soltanto dubbii quanto alla loro interpretazione.

Io non starò qui a discutere le prove, ma cercherò solo quel che i fatti c'insegnano sulla natura del fenomeno. Finora, l'unica spiegazione proposta dai più eminenti membri della Società, è che i fantasmi sono allucinazioni dovute all'azione telepatica di uno spirito sopra un altro. E se fra loro differiscono di parere, gli è che alcuni, come il Podmore, dicono l'impressione emanar sempre da un vivo, mentre altri, come il Myers, ammettono la possibilità che essa derivi da un morto. Ma per dare a questa teorica della telepatia una qualunque apparenza di probabilità, bisogna dissipare e spiegare altrimenti gran numero di fatti fra i più interessanti e suggestivi raccolti dalla Società.

Gli è appunto su questi casi ch'io voglio richiamare l'attenzione, poiché essi ci porteranno a conclusioni affatto diverse da quelle cui giunsero quei signori.

Io trovo cinque specie di prove della obbiettività delle apparizioni, e sono: 1.° simultaneità dell'allucinazione o percezione del medesimo fantasma, visibile o udito, da due o più persone ad un tempo; 2.° il fantasma è visto da varie persone in varii posti corrispondenti a un movimento apparente; ovvero nel medesimo posto, dovunque l'osservatore si collochi; 3.° impressioni prodotte dai fantasmi sugli animali domestici; 4.° effetti fisici che sembrano prodotti dai fantasmi in attinenza alla loro apparizione; 5.° i fantasmi, visibili o no per gli astanti, possono essere e furono fotografati.

Darò per ciascuno dei cinque gruppi di fenomeni qualche esempio e discuterò poi brevemente della loro interpretazione.

Delle pretese allucinazioni collettive

Numerosissimi sono questi casi, ed alcuni fra essi perfettamente attestati. Prendiamo prima di tutto quello di una figura di uomo vista parecchie volte dalla signora W., da suo figlio di 9 anni e dalla nuora[4]. Fu vista distintamente, nei momenti più inattesi, mentre si suonava il pianoforte, durante una partita di cricket o di racchetta. Una voce fu anche udita dalle due signore, e le loro descrizioni della figura concordarono appuntino. Paurose non erano. Né prima né dopo hanno mai assistito a qualcosa di simile, e tutte e due, non che il chirurgo maggiore W., affermano che la forma non può essere stata quella di una persona viva.

Un caso egualmente notevole è quello della giovane vestita di bianco, che ad intervalli per dieci anni di fila fu vista dal signor Giovanni Harry, dalle sue tre figlie, dai servi, e qualche volta dal marito di una delle figlie[5].

Ad altro tipo appartiene la figura bianca femminea vista un pomeriggio d'estate da due ragazze tredicenni e da un fanciullo: l'apparizione si librava sopra una siepe, a circa dieci piedi dal suolo. In due minuti, la videro passare al di sopra di un campo, fino a che la perdettero di vista in una piantagione. Tutti erano in buona salute, né mai videro apparizioni prima o dopo. Quando la figura apparve, il cavallo si arrestò tremante di terrore e non ci fu verso di farlo avanzare. Quest'ultimo dettaglio prova all'evidenza l'ob-

---

4 Proceedings of S.t. Pr. R. parte VIII p. 101.
5 Proceed. parte VIII, pag. 111.

biettività del fantasma[6].

Come tipo di fenomeno auditivo, sceglieremo i rumori prodottisi in casa di un ecclesiastico, quasi ogni notte, durante venti anni. Erano colpi forti o picchi, uditi spesso per tutta la casa, e da tutti gli inquilini, per lo più dalla mezzanotte alle due del mattino. A volte pareva il fragore di una carretta carica di sbarre di ferro, che passasse sotto le finestre, benché nulla di ciò si vedesse, come si verificava all'istante. Anche alcuni visitatori udirono questi diversi rumori, e, a malgrado di lunghe ricerche, nessuna causa naturale fu mai scoperta. Che si trattasse di rumori veri e propri non si può dubitare[7].

E' anche degno di nota il caso, in cui una intera famiglia e un ospite di essa, in una casa isolata di campagna, udirono uno strepito forte e continuo alla porta di entrata che parea tremare e vibrare sotto colpi furiosi. I servi, che dormivano nella parte posteriore, 60 piedi lontano, furono svegliati e accorsero frettolosi e a metà spogliati per accertarsi di quel che era. La casa era circondata da alti cancelli, tutte le porte chiuse a chiave. Le ricerche immediate non valsero a scoprire la causa del formidabile rumore. L'ospite, signor Garling, di Folkestone, avea visto nel pomeriggio il fantasma di un amico, da lui lasciato quattro giorni innanzi in seno della famiglia e perfettamente sano. Nel punto che i colpi si udirono, la moglie e due servi morirono di colera; il marito era in agonia e tutto il giorno non avea fatto che insistere perché si andasse a chiamare

---

6 Phantasme of the L., vol. II pag. 197.

7 R. D. Owen - Deratable Land, pag. 251.

l'amico Garling[8]. Qui è lecito supporre che il fantasma (forse *subbiettivo*) non essendo riuscito a mostrarsi al Garling e a condurlo presso l'amico morente, avesse avuto ricorso a un violento rumore obbiettivo che, udito da tutta la casa, potesse forzar l'attenzione.

---

8 Phant of the L. vol. II, pag. 149.

Fantasmi la cui obbiettività è provata
da rapporti definiti di spazio

Va annoverato in questa classe il caso di una signora, che apparve a cinque persone e più volte a due di esse insieme[9].

Un giorno queste due la seguirono nel salotto. La figura allora uscì e discese in un corridoio che menava in cucina, ma un minuto dopo fu vista da un'altra, dalla signorina D., montare le scale esterne della cucina, e poiché allo stesso momento la figlia del capitano D. era alla finestra del piano superiore, costei, dal canto suo, vide la figura continuar la sua corsa fuori della casa attraverso il giardino.

È impossibile concepire che varie allucinazioni concordino con tanta esattezza. Qualche cosa di non sostanziale, se così volete, ma obbiettiva, sembra assolutamente necessaria per produrre gli effetti osservati.

Ecco un altro esempio.

Il Reverendo W. Mountford, notissimo sacerdote e scrittore, morto di recente, si trovava ospite da alcuni amici nel paese di Norfolk, quando una vettura, con dentro il fratello e la cognata del padron di casa, i quali abitavano poco lontano, fu vista venire per la strada che passa in linea retta davanti alle due case. Cavallo e carrozza furono riconosciuti, non che i passeggieri; e le tre persone li videro passare lungo la casa e udirono alcuni colpi bussati alla porta: si andò a vedere, e non si trovò nessuno. Cinque mi-

9 Proceed. Soc. Ps. R. parte VIII, pag. 117.

43

nuti dopo, una giovane signora, figlia delle persone che erano in carrozza, arrivò, e disse allo zio e alla zia che il babbo e la mamma le erano passati accanto in carrozza e, con sua somma sorpresa, non le aveano rivolto la parola.

Dieci minuti dopo le persone reali sopraggiunsero, come un quarto d'ora innanzi erano state viste, e dissero di venire direttamente da casa. Nessuno dei quattro testimoni avea messo in dubbio l'obbiettività della vettura-fantasma e delle persone che vi si trovavano, fino all'arrivo della vettura vera e propria[10].

Noi ora non ci occupiamo della causa o della natura di questo doppio straordinario o fantasma di viventi con cavallo e carrozza. Ne discuteremo a parte. Vi accenniamo qui, solo in riguardo alla evidente obbiettività dell'apparizione: qualche cosa suscettibile di esser percepita dalla visione ordinaria è passata lungo la strada.

_____

10 Phant. of the L., vol. II. pag. 91.

Impressione sugli animali

I fenomeni di questo gruppo, benché riferiti di frequente nelle pubblicazioni della Società di ricerche psichiche, non hanno attirato una speciale attenzione in rapporto alla teorica annunziata: o non se ne tenne conto o si tentò di spiegarli con le più inverosimili ipotesi. Sarà dunque necessario entrare in qualche sviluppo.

Abbiamo testé registrato il caso di una figura che tre persone videro passare al disopra d'una siepe e davanti alla quale il cavallo si arrestava di botto, tremando dal terrore. Nelle osservazioni fatte in proposito dagli autori di *Phantasms*, ecc., non si fa menzione di questo dettaglio; e nondimeno esso ha una somma importanza, non essendo concepibile che una apparizione puramente subbiettiva possa esser visibile anche ad un cavallo.

Durante i colpi terribili di cui parla il signor Garling, si constatò che un grosso cane, messo a guardia nel canile presso la porta d'entrata, e un mastino tenuto in casa e che abbaiava al primo venuto, non dettero segno di vita, benché il rumore avesse svegliato i servi alloggiati 60 piedi lontano. Il mastino, contro il solito, si rifugiò tremando sotto un divano, e non ci fu modo di farlo andare verso la porta o ritornare nell'oscurità.

Nell'interessante narrazione di casa *hantée*, fatta da un ben noto ecclesiastico che abitò quella casa per dodici mesi, va notata la condotta molto anormale dei cani in presenza delle manifestazioni obbiettive insolite o spettrali.

Quando un tentativo di furto fu fatto al presbiterio, i

cani dettero subito l'allarme, e tanto abbaiarono da destare e fare accorrere il prete. Invece, al fragore, molto più forte prodotto dai colpi misteriosi, non fiatarono né si fecero vivi altrimenti. Furono trovati rannicchiati in un angolo, avviliti dalla paura. «Erano più disturbati di qualunque altro, e se non fossero stati chiusi da basso, sarebbero corsi all'uscio della nostra camera da letto e là avrebbero cucciato chi sa fino a quando, strisciando e mettendo guaiti».[11]

Nella storia della casa di Hammersmith, presso Londra, dove si udirono passi e rumori e si vide un fantasma di donna, è detto che durante i fenomeni, il cane non fece che guaire e che aveva ancora paura di entrare in camera, quando venne il mattino[12].

Nel caso di quel lamento udito nello istante d'una morte, in un isolato presbiterio, in mezzo alla campagna (contea di Stafford), noi vediamo un mastino favorito, ordinariamente molto animoso, tremar di paura col muso affondato in un mucchio di legna conservato sotto le scale. Un'altra volta, si udì un urto terribile seguito da una serie di grida e accompagnato da un rumore come di vento impetuoso, benché il tempo fosse perfettamente calmo. «Tre cani, che dormivano in camera mia e di mia sorella, cucciarono, irto il pelo, dal terrore; uno di essi, il mastino, si ficcò sotto il letto e non ne volle uscire, per quanto lo si chiamasse; quando alla fine obbedì, tremava tutto»[13]. Nota la signora Sidgwick, che se questi rumori non son rumori

11 Proceed. Soc. Pb. R. Parte VI, pag, 151.
12 Proceed. Parte XIII, pag. 307.
13 Ibid. Parte VIII, pag. 116.

precisi e naturali, debbono essere stati allucinazioni collettive. Ma, prima di tutto, non s'è mai osservato che dei rumori reali e naturali abbiano prodotto sui cani somiglianti impressioni; e poi nulla può far supporre che delle allucinazioni collettive possano essere telepaticamente trasmesse agli animali. In un caso, si dice, un cane fu perfino colta da male improvviso!

Secondo la interessante relazione del generale Barter, un *poney* fantasma col suo cavaliere e due fantini indigeni furono visti nell'India; e due cani, che cacciavano in una giungla sulla collina, corsero immediatamente a raggomitolarsi presso il generale, emettendo guaiti di terrore; quando poi il generale si diè ad inseguire i fantasmi, i cani se ne tornarono a casa, benché in qualunque occasione gli fossero sempre fedeli compagni[14].

A questi casi certificati autentici dalla Società per le ricerche psichiche aggiungiamo i racconti di antichi autori. Durante i fenomeni prodotti in casa del signor Monpesson, a Tedworth, e narrati dal reverendo Giuseppe Glanvil, nel suo *Sadducis mus triumphatus*, fu notato il fatto seguente: quando più forte era il rumore e raggiungeva una singolare violenza, nessun cane si moveva, benché il rumore fosse a volta così intenso da essere udito a gran distanza nella campagna, e da svegliare i lontani abitanti del prossimo villaggio.

Nella sua relazione dei fenomeni verificatisi nella curia di Epworth, l'eminente Giovanni Wisley, dopo aver descritto degli strani rumori simili a quelli che farebbero ve-

---

14 Proceed. Parte XIV, pag. 469.

tri e ferri gettati per terra, soggiunge: «Poco dopo, il nostro grosso mastino venne a rifugiarsi tra mia moglie e me; finché duravano i rumori latrava e balzava anelando, di qua e di là, e ciò frequentemente, prima che alcuno in camera avesse udito checchesia; in capo a due o tre giorni, tremava e si ritraeva strisciando, prima che il rumore cominciasse. Da ciò si prevedeva quel che stava per accadere, e la cosa non mancava mai».

Durante i fenomeni del cimitero di Arensburgo, nell'isola di Oesel, quando delle bare furono capovolte in sepolcri chiusi, fenomeni accertati da una commissione ufficiale, i cavalli delle persone che venivano a visitare il cimitero furono spesso così atterriti e agitati da coprirsi tutti di sudore e di spuma. A volte, gettavansi per terra e parevano agonizzanti, e a malgrado d'ogni pronto soccorso, alcuni ne morirono pochi giorni dopo. In questo, come in tanti altri casi, la commissione d'inchiesta, checché indagasse, non riuscì a scoprire alcuna causa naturale[15].

Nella relazione del dottor Giustino Kerner sulla veggente di Prevost, si discorre di un fantasma da lei visto durante il corso di un anno: tutte le volte che lo spettro appariva, un botolo nero della casa parea ne sentisse la presenza, e non appena la figura diveniva percettibile alla veggente, il cane si rifugiava presso qualcuno come per domandar protezione, spesso urlando assai forte. Dopo che ebbe vista la figura, non volle più restar solo di notte. Notate qui, che la figura era soltanto visibile alla veggente. Questa circostanza dunque non è una prova della subbiet-

---

15 R. D. Owen, Faux pas sur la frontière d'un autre monde, pag. 186.

tività dell'apparizione?

Nel caso terribile narrato ad Owen dalla signora S. C. Hall, testimone dei fatti più salienti, noi vediamo che l'uomo frequentato dagli spiriti non avea potuto tenere a lungo il suo cane; cominciati i fenomeni, non ci fu modo di farlo rimanere in camera, e di lì a poco fuggì di casa e si perdette[16].

Il signor Hodgson, nell'*Arena* del Settembre 1889, narrando della dama bianca apparsa al fratello, dice che la terza notte vide il cane rizzarsi e rimanere immobile con l'occhio impietrito, e poi correre per tutta la camera come inseguito. «Nulla vide mio padre, ma udì una specie di sibilo, e il povero cane urlò e tentò di nascondersi; né mai più volle rientrare in quella camera» .

Questa serie di casi, in cui vedonsi le impressioni prodotte dai fantasmi sugli animali, è certamente notevole e degna della più seria attenzione. Questi fatti non dovrebbero accadere, se fosse vera la teoria dell'allucinazione e della telepatia; e nondimeno è forza aggiustarvi fede, essendo essi inseriti nel racconto come cosa inattesa. D'altra parte, se son notati e ricordati, ciò prova che gli osservatori avean conservato tutto il loro sangue freddo. Essi ci mostrano, incontestabilmente, che un gran numero di fantasmi percettibili alla vista o all'udito, sia pure di una sola persona, sono realtà obbiettive. Il terrore manifestato dagli animali che ne avvertono la presenza, e il loro contegno tanto diverso da quello che serbano al cospetto dei fenomeni naturali, provano all'evidenza che i fenomeni pure

---

16 R. D. Owen, Faux pas sur la frontière d'un autre monde, pag. 326.

essendo obbiettivi, non sono normali, né possono essere spiegati con l'inganno o con eventualità naturali male interpretate.

Nondimeno questi fatti capitali, dei quali una teoria naturale deve render conto, furon considerati finora come di poca importanza. Eccetto i signori Myers e Sidgwick che vi hanno fatto alcune loro osservazioni nessuno gli ha mai presi in considerazione nei vari tentativi fatti per dare una qualunque spiegazione ai fantasmi.

Effetti fisici prodotti o determinati dai fantasmi

La prova più convincente della realtà obbiettiva d'un fantasma è, senza dubbio, la produzione del movimento o spostamento di oggetti materiali. Di simiglianti effetti si hanno molte testimonianze; ma, secondo il metodo adottato dalla Società di Ricerche psichiche, metodo che consiste a dividere il fenomeno in gruppi e a discutere ciascun gruppo separatamente come isolato e indipendente dagli altri, non se n'è tenuto finora alcun conto. E' probabile che il fatto curioso di fantasmi visibili che aprono porte per entrare in una camera, le quali poi si trovano chiuse e sprangate getti il dubbio sopra altri casi in cui le porte realmente si aprono. Ma tutti coloro che con cura scrupolosa studiano l'argomento, debbono esser convinti che i fantasmi son di varia specie, dalle più semplici immagini prodotte sul cervello di un individuo fino alle forme non solo visibili a tutti gli astanti, ma a volte anche tangibili e capaci di agire in modo importante sulla materia ordinaria. Esaminiamo alcuni di questi casi, cominciando da quelli riferiti nelle pubblicazioni della Società di Ricerche psichiche.

I dottori A. Nus e Gwysme videro un fantasma stendere la mano e appoggiarla sul lume da notte del caminetto, e il lume immediatamente si spense. Naturalmente, si può spiegar questo fatto con uno sbuffo di vento venuto dal caminetto, ma non si spiega come mai l'unico colpo di vento della notte si producesse nel momento preciso in cui due persone vedevano il fantasma stendere la mano per collocarla sopra la lampada[17].

Nella casa di Hammersmith, dove durante cinque anni fu visto un fantasma e si udirono dei rumori, la signora R. dice che una volta le cortine del suo letto furono tirate, e che spesso le porte le si spalancavano davanti prima che ella entrasse in una camera, come se una mano avesse rapidamente girato la maniglia[18].

In un altro caso, il signor K. L. persona di riguardo, constatò che le porte si aprivano e si chiudevano senza causa apparente e che i campanelli si agitavano tutta la notte, facendo accorrere la servitù per andare alla ricerca dei ladri[19].

In una casa, dove quattro persone aveano avuto delle apparizioni, l'attenzione di tre di esse sedute in una camera fu attirata dagli scricchiolii d'una porta. «La vedemmo lentamente aprirsi, per un terzo, e così rimase». Queste persone non avean mai visto nulla di simile[20].

Il dottor Eugenio Crowell narra che in una casa di Brooklyn, uno dei suoi parenti, nell'atto che scendeva le scale o attraversava il vestibolo, si è visto togliere di capo il cappello, e ciò in condizioni che rendevano impossibile l'azione di una persona viva. Nel caso già accennato, riferito dal signor Hodgson nell'Arena, le porte si aprivano e si chiudevano frequentemente, e i quadri, gli orologi ed altri oggetti erano gettati con fracasso in una camera, dove

---

17 Phantasms, vol. II, pag. 202.

18 Proc. Soc. Ric. Pb. parte VIII, pag. 115.

19 Proc. Soc. Pb. Parte I, pag. 107.

20 Proc. Soc. Ric. Pb. Parte XIV, pag. 443.

non c'era nessuno, mentre che un altro quadro cadeva davanti alla padrona di casa, nel momento ch'ella entrava in camera.

Ma tutti questi casi sono insignificanti a paragone della prova fornita dalla suoneria udita a Great Bealings (Suffolk) e in altri posti. La relazione ne fu pubblicata nel 1841 dal maggiore Moor, membro della Società Reale, in casa del quale si verificò il fenomeno. La scampanellata forte e squillante, continuò quasi tutti i giorni per due mesi; durante i quali tutto si tentò per scoprirne la causa, ma invano. Il maggiore dichiara: «I campanelli squillavano dieci e venti volte, mentre non c'era anima viva né nell'androne, né in casa, né in giardino. Né io né la mia servitù né altri, poteva compiere il prodigio, cui ho assistito insieme con una decina di testimoni. Io son convinto che la suoneria non era prodotta da alcun agente umano».

La pubblicazione del suo resoconto in un giornale d'Ipswich gli procacciò non meno di quattordici narrazioni similianti di fenomeni avvenuti in varie parti d'Inghilterra ed egualmente inesplicabili. Uno dei fenomeni era stato osservato all'ospedale di Greenwich e l'avea riferito al maggiore Moor un camerata di Nelson, il luogotenente Rivers della marina reale. I campanelli dell'appartamento occupato dal luogotenente nell'ospedale squillarono per quattro giorni di fila. Il direttore dei lavori, il vicedirettore, un apparecchiatore di campanelli e varii scienziati si affaticarono inutilmente a scoprirne la causa. Fecero uscir tutti dalla casa, esaminarono i campanelli, i motori e i fili, senza venire a capo di nulla, precisamente come nel caso del maggiore Moor.

In un altro fatto che ebbe luogo in una casa presso Chesterfield, lunghe e ripetute scampanellate si successero durante diciotto mesi. Gli apparecchiatori di campanelli ed altri ne cercarono invano la causa. Furono tagliati i fili, ma i campanelli suonarono sempre. Il signor Ashivell proprietario, il signor Felkins suo amico ed altri non riuscirono a scoprire o almeno congetturare un sufficiente motivo del fenomeno. In molti di questi casi, le scampanellate si producevano durante il giorno e così spesso ripetevansi, che si potea benissimo scoprirne il movente, se questo fosse stato umano. E la cosa in sè è relativamente così semplice, che un inganno qual si fosse sarebbe stato immediatamente scoperto.

Nondimeno, nessun inganno fu mai constatato in una sola di queste contingenze, né, per quanto io sappia, in altre simiglianti: questi fatti van dunque classificati come una forma di ossessione, analoga ai colpi e alle perturbazioni così frequenti nelle apparizioni, e ci forniscono anche una prova sufficiente del potere che hanno i fantasmi di agire sulla materia.

I fantasmi possono essere fotografati e sono per conseguenza realtà obbiettive

Accade spesso che si mettano in derisione le così dette fotografie spiritiche, perché si può facilmente imitarne qualcuna, ma un pò di riflessione mostrerà che codesta medesima facilità permette di mettersi in guardia contro l'impostura, visto che i mezzi d'imitazione sono così ben noti. In tutti i casi, si ammetterà che un fotografo sperimentato che fornisca le lastre e sorvegli le operazioni, o da sè le conduca, non può a tal segno essere ingannato.

Questo esperimento è stato fatto più volte; si è obbligati di concludere che i fantasmi, siano o no visibili agli astanti, possono essere e furono fotografati. Diamo qui un breve resoconto delle prove in appoggio di questa asserzione.

Mumler, fotografo di Nuova York, fu il primo ad ottenere fotografie spiritiche; nel 1869 fu arrestato e processato per aver scroccato del danaro a mezzo d'imposture, ma dopo un lungo dibattimento fu assolto per non provala reità.

Era intanto dimostrato la praticabilità di esperimenti straordinari. Un fotografo di professione, il signor Slee di Pough-Keepsi, esaminò il processo delle prove, e, benché nulla di anormale si riscontrasse nel modo di agire di Mumler, delle forme fantastiche apparvero sulle negative.

Mumler visitò in seguito lo studio dello Slee, senza portare seco qualsivoglia oggetto, e i medesimi risultati si ottennero. Il Signor Guinej, di Nuova York, che per ben ventotto anni avea fatto fotografie, dimostrò che, dopo un esame rigoroso, non si potea scoprire nessuna sorta d'impostura nel processo di Mumler.

Un terzo fotografo intanto, il Silva di Brooklyn, fornì una novella prova. Frequentemente e inutilmente fece da sè l'esperimento completo, servendosi della propria camera oscura e dei propri preparati; ma quando Mumler era presente e appoggiava semplicemente la mano sulla camera oscura durante l'operazione, delle forme apparivano sulle negative insieme con la persona in cui si faceva il ritratto. Abbiamo il giuramento fatto davanti ai tribunali da tre periti, i quali disponevano di ogni mezzo per scoprire, se mai vi fosse stata l'impostura, e tutti dichiararono che non era possibile ve ne fosse.

Sarebbe facile di citare più di venti casi, nei quali persone notissime hanno dichiarato per le stampe di avere ottenuto fotografie somiglianti di amici defunti, essendo esse medesime sconosciute al fotografo e non esistendo ritratti o fotografie dell'individuo morto. Si obbietta nondimeno, che in tutti questi casi le forme son più o meno fantastiche e che la supposta somiglianza potrebbe anche essere immaginaria. Io preferisco dunque attenermi alla sola testimonianza dei periti in quanto all'apparizione sulle negative di forme estranee alle persone visibili. Le più notevoli esperienze del genere son forse quelle che per tre anni di fila furono fatte dal Beatis di Clifton, fotografo ritirato dopo venti anni di pratica, e dal dottor Thomson (di Edin) medico, anche egli ritirato, e che durante venticinque anni si era dilettato di fotografia. I due operatori facevano da sè tutto il lavoro materiale fotografico, servendosi di un medium che non era fotografo.

Presero centinaia di prove per serie di tre, consecutivamente ottenute nello spazio di pochi secondi. I risultati tanto più sono notevoli e tanto meno sospettabili, in quanto che in tutte coteste serie non c'è una sola delle così dette fotografie spiritiche, cioè la somiglianza attenuata di alcuna persona morta: tutte son più o meno elementari, lasciano vedere diversi strati di luce che soggiacciono a determinate modificazioni di contorni, e si trasformano a volte fino a formare delle figure umane indecise, o dei visi in medaglione, o anche degli effluvi luminosi come quelli delle stelle.

In nessun caso fu dato constatare che la produzione di tali imagini fosse dovuta a qualche causa nota. Io posseggo una serie di queste singolari fotografie, trentadue di numero, favoritemi dal signor Beatis.

Aggiungo che io conosceva personalmente il dottor Thomson, il quale mi confermò la parola del Beatis riguardo alle condizioni e alle circostanze in cui le dette fotografie furono ottenute.

Abbiamo qui una investigazione scientifica, condotta da due persone competenti e sperimentate, cui non era possibile ingannare; ed essa prova, che delle forme di fantasmi e di effluvi luminosi, affatto invisibili ad osservatori abituali, possano riflettere o emettere dei raggi attinici in modo da fissare le loro forme o cambiamenti di forme sopra una lastra fotografica ordinaria.

Una pruova addizionale di questo straordinario fenomeno sta in ciò, che spesso e sopratutto negli ultimi esperimenti, il medium spontaneamente descriveva quel che vedeva e che l'imagine presa in quel momento riproduceva sempre la figura, cui egli accennava.

In una di coteste prove, si vede il medium fra i modelli, che guarda intento e indica qualche cosa con la mano. Mentre stava così, aveva esclamato: «Che luce smagliante lassù! non la vedete?» Ora, la prova mostra la luce brillante nel punto preciso dove l'occhio e il gesto del medium si dirigevano.

Gli esperimenti del signor Tommaso Slater, ottico di Edston Road, a Londra, hanno una grande importanza, perché avvalorano questi risultati. Egli ottenne delle seconde imagini sulle lastre, essendo presenti le sole persone di famiglia, e una volta, operando da solo. Citiamo inoltre le prove di M. R. Williams, di Haywards Heath quelle di Traill Toyloe, editore del *Giornale di Fotografia,* e quelle altresì di parecchi altri fotografi professionali o dilettanti. Tutti concordemente affermano che, sotto il loro controllo, delle imagini spettrali, oltre quella del modello, apparvero sulla lastra, senza causa meccanica o chimica che si fosse potuto constatare o concepire.

Nei casi fin qui riferiti, i fantasmi o le imagini fotografiche furono invisibili agli astanti, eccetto il medium e qualche volta anche a questo.

Ma non mancano esempi della riproduzione fotografica di una forma visibile, o apparizione, ottenuta in presenza di un medium.

Una fotografia riuscitissima di una forma spiritica che

apparve in condizioni di rigorosa prova, con Miss Cook come medium, fu presa dal signor Harrison, editore del giornale lo *Spiritualismo*.

Si può vedere una riproduzione litografica di codesta fotografia nell'opera di Sargent, intitolata *Prova palpabile dell'immortalità*, con un resoconto delle condizioni in cui la prova fu presa, resoconto firmato dalle cinque persone che erano presenti.

Dopo di allora, il Crookes ha ottenuto più di quaranta fotografie, nel proprio laboratorio e col medesimo medium; ed ebbe piena opportunità di constatare che il fantasma, il quale appariva e spariva in condizioni da escludere ogni dubbio, non era un essere umano e differiva dal medium in tutti i suoi tratti caratteristici.

Questa lunga serie di esperienze e di prove fotografiche, che qui abbiamo riferito in succinto, non fu finora nemmeno menzionata dagli investigatori della Società di ricerche psichiche ma non credo che possano più a lungo trascurarla, dato il compito che si prefiggono di raccogliere la somma di evidenza dei fenomeni psichici e di valutare coscienziosamente il peso di ciascun gruppo nel quale detta evidenza possa essere classificata.

Ebbene, io penso che questa prova fotografica superi in valore tutte le altre, e ciò per due ragioni: in primo luogo, è una prova sperimentale, la quale di rado è possibile nei fenomeni psichici più elevati; in secondo, è una prova offerta dai periti, in una operazione di cui son loro familiari tutti i dettagli. Aggiungo che non è più lecito d'ignorarla, visto ch'essa tocca il fondo della questione e porge la più completa e più decisiva dimostrazione del problema della obbiettività o subbiettività delle apparizioni.

A che giovano gli argomenti per dimostrare che tutti i fenomeni sono spiegabili coi differenti effetti della telepatia, e che non esiste prova della esistenza di apparizioni obbiettive occupanti nello spazio determinate posizioni, quando la camera oscura e la lastra sensibile hanno provato reiterate volte che i fantasmi obbiettivi esistono? Siffatti argomenti, fondati solo sopra un limitato numero di fatti, ricordano lo spiritoso giochetto letterario: *Dubbi storici sulla esistenza di Napoleone Bonaparte*, ed hanno, per le persone informate di tutti i fenomeni, l'identico valore probativo.

Ho così brevemente esposte e discusse le varie classi di prove che dimostrano l'obbiettività di molte apparizioni. I diversi gruppi di fatti per sè stessi eloquenti acquistano maggior forza dal mutuo appoggio. Sono tutti armonici comprovanti la teoria della realtà obbiettiva.

Con l'ipotesi dell'allucinazione, alcuni, per essere spiegati, han bisogno di teorie complicate e senza base mentre la maggior parte di essi rimane inesplicabile, e deve esser trascurata o accantonata per essere spiegata a parte. Si ammette che le allucinazioni collettive, come si è voluto chiamarle sono frequenti; si ammette del pari che spesso i fantasmi agiscono come esseri obbiettivi rispetto agli oggetti materiali e alle persone: ciò sussiste nel caso ch'essi siano obbiettivi, ma non è ammissibile con la dottrina subbiettivista o telepatica.

E si vorrà sostenere che la condotta degli animali davanti ai fantasmi sia una realtà anormale? e non creerebbe ciò enormi difficoltà per qualsiasi altra teoria?

Gli effetti fisici dovuti ai fantasmi, visibili o no, danno dell'obbiettività una prova definitiva, e son così numerosi ed accertati da non potersi trascurare o fingere d'ignorarli. Arriva finalmente la prova fornita dalla fotografia ottenuta per opera di periti e di fisici eminenti, e non è lecito respingerla, escludendo essa ogni conclusione che non sia l'obbiettività.

A questa ho strettamente limitato la discussione; ma si badi bene che l'obbiettività non implica la materialità.

Noi ignoriamo se l'etere luminoso o l'elettricità siano materiali, ma l'uno e l'altra son certamente obbiettivi. Si è adoperato il termine di materia non molecolare per designare la sostanza ipotetica di cui son formati i fantasmi visibili; sostanza che, in certe condizioni, pare dotata della proprietà di unirsi alla materia molecolare, in modo da produrre fantasmi tangibili o che sviluppino una qualunque energia.

Quest'argomentazione è soltanto teorica, e noi non possediamo ancora conoscenze sufficienti da permetterci delle teorie su quei che si potrebbe chiamare l'anatomia e la fisiologia dei fantasmi.

C' è però una quistione più larga da discutere, e, per essa noi abbiamo, credo, i dati necessari per giungere a conclusioni utili ed interessanti. Voglio dire della natura generale e dell'origine delle varie classi di apparizioni o fantasmi, a cominciare dagli sdoppiamenti di persone vive fino a quelle apparizioni che ci recano nuove degli amici defunti o che ci avvertono a volte di eventi futuri, che più o meno ci toccano.

Questa ricerca formerà l'argomento di un altro capitolo.

Che cosa sono i fantasmi e perché appariscono?

Le teorie suggerite dai più eminenti membri della Società di ricerche psichiche per spiegare il fenomeno dei fantasmi, o apparizioni di varia natura, son tutte fondate sulla telepatia, ovvero trasmissione del pensiero, la cui esistenza è ormai provata da una lunga serie di esperimenti. E' stato assodato che molte persone son più o meno sensibili alla suggestione, e possono più o meno incompletamente riprodurre le imagini mentali definite che si tenta di far giungere fino a loro.

Meglio ancora: coloro che vedono il fantasma o ne odono la voce sono una specie di sonnambuli lucidi. Tanto può sul loro organismo la suggestione altrui, e così è acuta la loro eccitazione mentale o crisi fisica (specie in un pericolo imminente o in punto di morte), da costringerli ad esteriorizzare i loro pensieri in allucinazioni visive o auditive, sia nello stato di veglia sia in un sogno d'una evidenza affatto insolita. Questa teoria basata sulla telepatia è fortemente sostenuta e quasi provata dal curioso fenomeno dei *doppi*, ovvero fantasmi di persone vive viste, da alcuni amici sensitivi, quando quelle persone energicamente vogliono esser viste. Tale è il caso di un amico comparso al signor Stainton Moses nel punto che cotesto amico avea fisso in lui il pensiero prima di mettersi a letto: e l'altro del signor B. che a più riprese in una notte comparve a due signore, quando prima di addormentarsi volle fortemente apparir loro[21].

---

21 Phant vol. I. pag. 103-108.

In questi ultimi casi io trovo nondimeno delle difficoltà di spiegazione: il supposto agente non ha generalmente deciso in che modo apparire e che cosa fare. Una volta il signor B. apparisce non già alle signore cui pensava, bensì a una loro sorella maritata, da lui appena conosciuta, e che, per caso, occupava la camera loro; questa signora vide il fantasma in un corridoio, andando da una camera all'altra, nel momento in cui l'agente voleva essere nella casa, e la stessa notte volendo egli trovarsi in una camera della facciata, ella se lo vide accanto al letto, prenderle i capelli, poi la mano, e guardarla fisso.

E' certo un'ipotesi ben poco sorretta dai fatti che il semplice desiderio o la volontà di trasportarsi in un dato posto possa fare apparire un fantasma ad una persona che vi si trovi, e far compiere o sembrar di compiere al detto fantasma certi atti che non sembrano essere stati voluti dal supposto agente. Questa non è certo telepatia, nel senso comune della parola; non è nemmeno trasmissione di pensiero ad un individuo, ma è invece la produzione di un fantasma obbiettivo in un posto determinato.

E' assolutamente inconcepibile che un semplice desiderio possa produrre un simile fantasma, a meno di ammettere che l'anima del dormiente lasci il corpo per recarsi nel punto indicato ed abbia potere di rendersi visibile a qualsivoglia persona che in quel punto si trovi. Vediamo dunque se non vi siano altri fatti di sdoppiamento che possano gettare una certa luce sulla quistione.

Il signor Treyer[22] di Bah in Inghilterra si sentì chiamare

---

22 Proceed. Soc. Rio. Ps. vol. I, pag. 134.

per nome, e riconobbe la voce del fratello che da più giorni era assente dalla casa. Nel punto stesso, come si potè poi accertare, il fratello, perdendo l'equilibrio, cadeva sopra una piattaforma di ferrovia chiamando per nome il signor Treyer. Allo stesso genere appartiene il caso della signora Severa, la quale, stando a letto una mattina, sentì una forte percossa alla bocca, tanto che portò il fazzoletto alle labbra aspettandosi di vederlo macchiato di sangue. Nel punto stesso, il signor Severa, colto da un turbine nel suo battello riceveva sulle labbra un colpo violento dalla sbarra del timone.

Nel primo caso, il fratello del signor Treyer non aveva alcun desiderio cosciente di essere udito dal fratello lontano, e nell'altro caso è evidente che il signor Severa non potea volere che la moglie sentisse il colpo, ma invece era tormentato dall'idea di nasconderle l'accidente.

Nell'uno e nell'altro caso se i supposti agenti hanno avuto una qualsiasi parte nella produzione della voce o della sensazione, ciò deve essere accaduto per un processo incosciente e automatico; se non che le prove sperimentali della telepatia mostrano che essa è originata dalla volontà cosciente dell'agente o degli agenti; di guisa che qui in ambo i casi, l'unica cosa dimostrata è l'intervento di un terzo fattore, il quale fu il vero agente nel volere e nel produrre l'effetto telepatico, Questa conclusione vien resa ancora più probabile da altri casi di sdoppiamento o di avvertimenti, dei quali il seguente è fra i più singolari.

L'ingegnere Algemon Joy, addetto ai magazzini di Penarth, a Cardiff, se n'andava tutto assorto nei suoi calcoli per la strada maestra presso la città, quando fu attaccato e gettato a terra da due carbonai. In un punto solo, egli pensò al motivo dell'aggressione, alla possibilità di dare i connotati degli aggressori e di poterli denunziare alla polizia. Egli afferma che da circa un'ora prima dell'aggressione fino a un paio d'ore dopo non gli era accaduto nemmeno alla lontana di pensare al suo amico di Londra. Nondimeno, al momento preciso dell'accidente, cotesto amico riconosceva il passo del signor Joy seguirlo per la via, si voltava indietro e lo vedeva chiaro e distinto; al suo grido disperato gli domandava che cosa fosse successo e si sentiva rispondere: Va a casa, amico mio, mi hanno fatto dei male».

Quel che precede è il contenuto di una lettera dell'amico, la quale incroeciavasi con una lettera del signor Jay dove l'accidente era narrato. In questo caso, lo sdoppiamento, allucinazione o fantasma obbiettivo, non può non avere avuto una causa adeguata. Affermare che il signor Joy fosse stato la *causa inconsciente* non sarebbe una spiegazione né ci aiuterebbe a comprendere come accadono simili cose. Noi abbiamo assolutamente bisogno di *un agente produttore, di un essere intelligente dotato di volontà e capace di produrre un fantasma vero e proprio.*

Nel caso che segue vedremo ancor più evidente la necessità di un agente estraneo. Il signor F. Morgan di Bristol, giovane che viveva in casa di sua madre, assisteva ad una conferenza che molto lo interessava. Entrando nella sala egli vide un amico, col quale si propose di tornare a casa a conferenza finita.

Nel corso della serata, gli accadde di notare una porta all'altro capo della sala, e di botto, senza saperne il perché, si alzò e traversò mezza sala per vedere se quella porta si apriva. Girò la maniglia, uscì, richiuse, e si trovò al buio sotto il palco; visto un lume, vi si diresse, entrò in un corridoio che lo ricondusse nella sala della conferenza, traversò l'estremità di questa fino all'ingresso, non più pensando né alla conferenza che continuava né all'amico col quale intendeva tornare insieme. Arrivò finalmente a casa senza incitamento o impulsione di sorta che gli spiegasse la bizzarria della sua condotta.

Quanto fu giunto, trovò che la casa contigua era in fiamme, la madre disperata. Immediatamente, l'allontanò, la mise in luogo sicuro, tornò a lottare contro l'incendio per due o tre ore. La casa contigua bruciò fino alle fondamenta, e la propria fu solo leggermente danneggiata. Afferma il signor Morgan, che col suo carattere, se avesse avuto l'impressione di un incendio e che la madre corresse un pericolo, avrebbe probabilmente scacciato il timore come una vana fantasia.

La madre, d'altra parte, desiderava certo la presenza del figlio, ma non faceva nessuno sforzo di volontà per indurlo a venire. Quale influenza dunque potè agire sull'organismo mentale del giovane, sotto quell'apparenza di semplice curiosità e di un così strano procedere, da ricondurlo prontamente a casa? Nessuna coscienza egli aveva di essere in qualunque modo suggestionato e diretto; tutto sembravagli perfettamente volontario e normale.

Noi non possiamo non riconoscere, in questo caso,

l'appello continuo di un qualsiasi potere mentale, dotato di un'esatta conoscenza del carattere dell'individuo e delle circostanze, e operante con la massima cura e col più sano giudizio per non destare nel soggetto un antagonismo d'idee che sarebbe stato contrario al fine che si aveva in vista.

Vediamo dunque che, pur limitandoci ai tre casi accertati di fantasmi di viventi, dove le impressioni ricevute sono in connessione con una morte avvenuta o temuta, i fatti sono affatto inesplicabili con la telepatia fra persone vive poiché indicano chiaramente l'azione d'intelligenze extraumàne, in altri termini *l'azione di spiriti.*

Enorme è la prevenzione contro questa ipotesi, ma io spero che i lavori della Società di ricerche psichiche abbiano già incominciato a minarla. Questi lavori hanno assodato, senza contestazione, che i fantasmi dei morti esistono. Lasciando da parte tutti i pregiudizi dell'ignoranza ed anche della scienza, bisogna ora decidere se i detti fantasmi, che spesso - come ho dimostrato — sono obbiettivi, emanano da uomini o da spiriti.

Prima di recare novelli dati per la soluzione del quesito, sarà bene esaminar brevemente la teoria del *secondo io*, dell'*io inconsciente*, alla quale molti autori moderni si appigliarono, cercando di sostituire codesto io ad un agente spirituale quando le normali facoltà umane si dimostrano insufficienti.

Questa teoria dell'inconsciente, fondata sui fenomeni del sogno, della doppia vista, dello sdoppiamento della personalità, è stata laboriosamente esposta dal dott. Carlo du Prel in due volumi in 8.°

Come esempio dei fatti che detta teoria pretende spiegare, prendiamo le esperienze del reverendo P. R. Newnham e di sua moglie con la loro tavoletta.

Il processo si svolgeva così. La signora Newnham sedeva davanti un basso tavolino, con le mani sulla tavoletta, otto piedi distante dal marito, che seduto ad un altro tavolino le volgeva le spalle.

Questi scriveva le domande sopra un foglio, e immediatamente, spesso contemporaneamente, la tavoletta della moglie vergava le risposte. Durarono queste esperienze otto mesi, e si ottennero 300 risposte ad altrettante domande, ora precise ora evasive, e spesso non rispondenti alle opinioni dei due operatori o anche estranee alle loro conoscenze.

Per convincere un incredulo, il signor Newnham si collocò con lui in un'altra camera, dove l'incredulo scrisse: "Qual è il nome di battesimo di mia sorella maggiore?"

Il signor Newnham lesse la domanda, ignaro affatto del nome richiesto; e nondimeno, tornando nella camera trovarono che la tavoletta avea scritto Mina, diminutivo di Guglielmina, che era il vero nome della persona.

Il signor Newnham, che era massone, fece varie domande sui riti massonici, di cui la moglie non sapeva una sola parola; le risposte furono ora corrette, ora no, e spesso originalissime. Così, avendo domandato le parole pronunziate nella investitura di un tal Marco Maestro massone, furono scritti immediatamente stupendi pensieri in linguaggio massonico, i quali però differivano molto dalle parole cui il signor Newnham pensava.

Era dunque quella, come dice il signor Newnham, una formula composta da una intelligenza totalmente distinta dalle intelligenze conscienti dei due operatori.

Ebbene, tutte queste cose e molte altre ancor più notevoli si pretende attribuirle all'*inconsciente* della signora Newnham, ad una *seconda personalità* di lei indipendente e intelligente, che si rivelava spontanea in date occasioni.

Così spiega Carlo du Prel tutti i fenomeni di doppia vista, di avvertimenti, di possessione, non che gl'innumerevoli casi, in cui i sensitivi si mostrano informati difatti, che nello stato normale ignorano e che non ebbero modo di sapere.

Ed è questa una spiegazione o non piuttosto un gioco di parole, che crea più assai difficoltà che non ne risolva? Concepire una tale *doppia personalità* in ciascuno di noi, un secondo *io* a noi stesso sconosciuto, vivente d'una vita mentale a sè, capace di acquistar delle conoscenze che il nostro io normale non possiede, e fornito di tutti i caratteri di una personalità distinta, è un fenomeno assai meno concepibile e molto più soprannaturale di *un mondo di spiriti composto di esseri già vissuti, la cui parte intellettiva sopravvive alla separazione dal corpo terrestre.*

Noi troviamo inoltre che questa teoria degli spiriti spiega tutti i fatti semplicemente e direttamente, *si accorda con tutte le testimonianze*, e nella massima parte dei casi, è la spiegazione fornita dalle stesse intelligenze che fanno la comunicazione.

Con la teoria del *secondo io*, dovremmo ammettere che

questa metà nascosta ma inferiore di noi stessi, pur possedendo delle conoscenze che noi non abbiamo, non sente di esser parte di noi; o che, anche sapendolo, mentisca ostinatamente, visto che generalmente assume un nome distinto e parla sempre di noi - parte migliore e superiore - in terza persona.

Ma c'è a questo modo di vedere una obbiezione più radicale, cioè l'impossibilità di concepire come codesto secondo io si andò in noi sviluppando in conformità della legge di sopravvivenza dei più capaci? Eppure questa teoria si sostiene per cansare una *spiegazione spiritualistica*, visto che lo spirito è l'ultima cosa che i nostri moderni scienziati possano decidersi ad ammettere.

Ma se così è, che non esista uno spirito sopravvivente al corpo, se l'uomo non è che un animale di alta intelligenza, uno sviluppo di forma inferiore secondo la legge di sopravvivenza dei più capaci, come nascerebbe cotesto inconsciente? hanno un inconsciente anche i molluschi, i rettili, i cani, le scimmie? E se l'hanno, perché? per quali utilità loro? Darwin non trovò alcuna traccia di questi secondi io negli animali o negli uomini.

Ma se questi inconscienti esistono solo nell'uomo, eccoci stretti nella medesima difficoltà così spesso adoperata contro gli spiritualisti, accusandoli di reclamare una lacuna nella legge dello sviluppo continuo e l'intervento di una potenza superiore, per creare e introdurre nell'essere umano codesto strano e inutile inconsciente, il quale non serve che a confonderci con problemi insolubili, e a farci parere più che mai misteriose la nostra natura e la nostra esistenza!

Si suppone naturalmente che l'inconsciente muoia con l'uomo cosciente, poiché altrimenti ci cacceremmo in nuove e gratuite difficoltà sui rapporti, nell'altra vita, di queste due intelligenze, di questi due caratteri distinti benché indissolubilmente uniti.

Trovato così che la teoria della doppia personalità crea più difficoltà che non ne risolva, mentre che i fatti in questione trovano una spiegazione migliore nell'ipotesi spiritualista, vediamo ora altre prove dell'azione degli spiriti dei morti o di qualche altra intelligenza extra-umana.

Esaminiamo innanzi tutto il caso della signora Menneer,[23] la quale, nella stessa notte, sognò due volte il fratello decapitato, ritto ai piedi del letto, col capo posato sopra una bara che gli stava accanto. Ella ignorava dove il fratello si trovasse; lo sapeva soltanto all'estero. In fatti, egli stava a Sarawak, con sir Giacomo Brooke, e ivi fu trucidato in una sommossa cinese, mentre coraggiosamente tentava difendere la signora Middleton coi figli. Lo si scambiò pel figlio del *rajà*, e gli fu mozzato il   capo e portato in trionfo, e il corpo bruciato insieme con la stessa casa del *rajà*.

La data del sogno coincide approssimativamente con la data della strage.

Ebbene, in questo caso, è quasi certo che il capo fu mozzato dopo la morte, poiché i Cinesi non erano soldati regolari, bensì operai d'una miniera aurifera, i quali avendo preso per armi i primi ordegni capitati loro fra mano,

---

23 Phant. of. Liv. vol. I. pag. 365.

72

non potevano certo uccidere un Europeo sulla difensiva, tagliandogli d'un colpo la testa.

Bisogna dunque ammettere che l'impressione sul cervello della Menneer sia stata prodotta dal fratello morto, o più probabilmente, da qualche altra intelligenza, visto l'evidente simbolismo della visione: la testa sulla bara vuole indicare senza dubbio che la sola testa era stata trovata e sepolta.

In una lettera messa a stampa, Sir Giacomo Brooke scrive: "Gli avanzi del povero Wellington furono forse bruciati, e solo la testa, dopo essere stata portata in trionfo, sarà rimasta come prova della strage"[24]. Nello stesso volume un altro caso è menzionato, ancor più probativo, contro la telepatia fra persone vive. La signora Storie di Edimburgo, trovandosi a Hòbart-Town in Tasmania, ebbe una notte uno strano sogno, confuso come una serie di visioni separate. Vedeva un suo fratello gemello seduto all'aperto sopra un rialzo di terreno e obliquamente illuminato dalla luna; egli alzava un braccio ripetendo: *il treno, il treno*... Poi qualche cosa lo urtò, lo travolse esamine, e un oggetto grande e nero passò fischiando. Vide in seguito la dormiente un compartimento di treno, nel quale sedeva un signore di sua conoscenza, il reverendo Johnstone, e da capo il fratello che si copriva il viso con le destra come sofferente; e finalmente udì una voce che non era la sua dire che egli era passato a miglior vita.

Ora, la medesima notte il fratello era ucciso da un treno che passava presso il posto dove egli erasi seduto per ripo-

---

24 Phant. of. Living.

sarsi dopo esser caduto, durante il sonno, dal treno precedente.

I dettagli del sogno, qui solo riassunti, corrisposero quasi a capello alla realtà; il reverendo Johnstone trovavasi veramente nel treno omicida. Quest'ultimo fatto, non potendo esser noto alla vittima dell'accidente, bisogna dire che la visione sia stata prodotta dal *potere telepatico* del morto, o di qualche *spirito amico*, informato del fatto e desideroso di dare una prova della sua esistenza spirituale. Prendiamo ora il caso dell'industriale di Glasgow stabilito a Londra. Egli sognò che un suo operaio, a Glasgow, col quale in gioventù avea stretto amicizia ma che poi per vari anni avea perduto di vista, veniva per parlargli e lo pregava di non prestar fede all'accusa che gli si faceva. "Di che si tratta?" domandò l'industriale. "Lo saprete tra breve" gli fu risposto tre volte con persistenza. Notò anche il dormiente che l'uomo avea una strana fisionomia; era livido e sudava a goccioloni. Appena svegliato, gli fu dalla moglie consegnata una lettera in cui il direttore di Glasgow lo informava che quell'uomo, Roberto Mackenzie, s'era ucciso tracannando dell'acquavite e i sintomi dell'avvelenamento per acquavite erano quelli per l'appunto osservati nella figura sognata.

Ora, l'uomo era morto due giorni prima del sogno e la sua apparizione arrivò in tempo per correggere la falsa impressione di suicidio prodotta dalla lettera. I tratti del quadro sognato, tutti i dettagli della scena son tali da escludere qual si voglia agente che non sia il morto, il quale era ansioso d'impedire ad un antico amico di aggiustar fede all'accusa che gli si moveva[25].

Non sono rari dei sogni che danno dettagli intorno a cerimonie funebri avvenute a distanza. Il signor Stainton Moses, invitato ai funerali di un amico nella contea di Lincoln, non potè recarvisi.

Quasi contemporaneamente all'ora della cerimonia, cadde in sonno magnetico e sognò di assistervi. Riavutosi, ne notò tutti i dettagli, descrivendo anche la figura del prete, che non era quello atteso per officiare; aveva perfino visto il cimitero posto ad una certa distanza nella contea di Northampton, con un certo albero presso la tomba.

Il Moses mandò la descrizione ad un amico che aveva assistito alla cerimonia e questi gli espresse per lettera il suo stupore, confessando di non poter capire come avesse fatto ad ottenere quei particolari[26].

Dirà qualcuno che questo e un caso di doppia vista, ma la definizione, per verità, non spiega niente.

Un altro gruppo di fenomeni egualmente misteriosi e inesplicabili, se si esclude l'intervento d'intelligenze disincarnate, è quello in cui alcune circostanze si collegano strettamente ad altre di natura simbolica, e che la visione limpida di scene reali a distanza non può spiegare.

Ecco un esempio ben certificato di questa categoria. Filippo Weld, alunno in un collegio cattolico, annegò in un fiume a Ware, nella contea di Hortford, nel 1846; alla stessa ora all'incirca, suo padre e sua sorella camminando per una strada presso Southampton, lo videro non lontano in

25 Proceed. Soc. Ric. Psich. - parte VIII, pag. 90 98.

26 Harrison Les esprits devant nos yeuz, pag. 148.

compagnia di un altro giovane in abiti scuri. "Guarda, babbo, ecco Filippo" Il signor Weld rispose: "E' infatti Filippo, ma sembra un angelo". Stavano per abbracciarlo, quando un altro viso sembrò passare attraverso a quello di Filippo, e questi disparve sorridendo. Il dottor Cox, direttore del collegio, arrivò di lì a poco a Southampton latore della triste novella, e prima ancora che parlasse il signor Weld gli narrò la visione avuta, indizio quasi sicuro che il figlio era morto.

Poche settimane dopo, visitando il collegio dei gesuiti di Stonyhurst nella contea di Lancaster, il signor Weld vide nel refettorio un ritratto perfettamente somigliante al giovane che avea mascherato l'apparizione del figlio: era vestito allo stesso modo, nello stesso atteggiamento, e sotto il ritratto era scritto il nome di san Stanislao Kotska, santo dell'ordine gesuitico che Filippo aveva eletto a patrono quando s'era cresimato[27].

Ecco dunque un caso, in cui i fantasmi di un figlio e di un estraneo appaiono a due parenti e nel quale la presenza della persona sconosciuta fu evidentemente calcolata, poiché la sua identità accertata, liberava l'animo paterno da ogni timore sulla felicità futura del figlio. E' difficile trovare un caso più impressionante di un vero fantasma di morto, non dico già necessariamente prodotto dal morto o dal santo gesuita, ma assai probabilmente dall'uno e dall'altro o da qualche altro spirito amico che aveva il potere di produrre quei fantasmi e di consolar così nell'ansietà loro il padre e la sorella. Non è concepibile che l'azione te-

27 Harrison - Les Esprit sont devant nos yeux, pag. 116 - Estratti degli Eclairs du surnature. del rev. F. G. Dèe.

lepatica di qualsiasi persona vivente abbia potuto produrre quei fantasmi, visto che l'unico agente possibile sarebbe stato il direttore del collegio, il quale, dalla descrizione del signor Weld, non riconobbe il giovane in veste scura che era apparso insieme col fantasma dell'annegato.

Di qui siamo condotti a discorrere di un carattere assai comune ai fantasmi di morti cioè della indicazione di una felicità, di un benessere che tende a cancellare qualunque sentimento di cordoglio o di tristezza. Così un giovane annega nel naufragio del *Plata* in dicembre 1874, e poco prima che la notizia arrivasse, suo fratello a Londra sognava di assistere ad una splendida festa, in un vasto giardino ornato di fontane, illuminato e popolato di dame e gentiluomini. Di botto, il fratello gli viene incontro, in abito di sera, florido e sorridente all'aspetto. "Come qui?" gli domanda l'altro sorpreso. E il fratello gli risponde, stringendogli la mano: "Non hai saputo che da capo ho fatto naufragio?" Il giorno appresso, i giornali annunziavano la perdita della nave[28]. Sia che il fantasma fosse qui stato prodotto dal morto o da un altro essere, vi fu certo l'intenzione evidente di far sapere a colui che sognava, che il fratello trapassato era felice e beato come se fosse vivo e sano.

Allo stesso modo, dodici ore dopo la morte della signorina Gambler Parry, la voce di lei fu udita dalla governante suora Berta, nel castello di Mercy, nella contea di Devon. La voce in tono naturale e giocondo, diceva: "Sono con voi". E alla domanda: "Chi siete?" rispondeva "Non dove-

---

28 Proceed. Soc. Ric. Ps. - parte XIV, pag. 546.

te ancora saperlo"[29].

Citerò anche la storia di quel signore che entrato dopo pranzo nella stanza da fumo, si vide davanti la cognata. "Maggie" scrive egli mi apparve di botto, vestita di bianco, con una espressione angelica in viso; mi fissò negli occhi fece il giro della stanza e disparve per la porta del giardino[30]. Ciò accadeva il giorno dopo la sua morte. Ancora un esempio: a Parigi, il signor Kenlèmans fu svegliato una mattina dalla voce di un suo figliuoletto di cinque anni, che aveva lasciato a Londra in perfetto stato di salute.

La figura del fanciullo era avvolta in una nuvola bianca, opaca e scintillante; gli occhi brillavano, la bocca sorrideva, la voce esprimeva una gioia sconfinata. E proprio quell'ora, il fanciullo moriva [31].

Da quale influsso telepatico fu prodotto questo fantasma di fanciullo felice e sorridente? Certo, non da alcuna persona viva, ma piuttosto da qualche spirito amico, da qualche spirito angelo custode, il quale desiderava mostrare al padre che la giocondità della vita accompagnava ancora il fanciullo, dopo che il suo corpicino era divenuto gelido ed inerte.

Altro tratto caratteristico di parecchi fantasmi apparsi in sogno o durante la veglia, è questo che essi si presentano, non già nel punto della morte, ma un momento prima che la notizia arrivi; o vi sarà invece qualche altro indizio speciale per produrre una impressione profonda e dare il

29 Phant. of Liv. - vol. I pag. 522.

30 Ivi 4 vol. Il pag. 702.

31 Proceed. Soc. Rie. Ps. - vol. I pag. 126.

convincimento durevole di una esistenza spirituale.

Vari casi di questa specie son citati negli Atti della Società di ricerche psichiche (parte XV pag. 30-31). Un esempio assai singolare è quello del signor Boston, allora a Saint Louis, il quale, assorto nel suo lavoro, vide il fantasma della sorella morta già da nove anni. Era giorno chiaro, ed ella gli stava vicino, con tanta apparenza di vita che il Boston la chiamò per nome. Notò egli inoltre tutti i particolari del vestito e della fisionomia, e distinse specialmente una graffiatura sulla guancia destra. Colpito dalla strana visione, prese il primo treno per andar dai genitori e raccontar loro ogni cosa. Il padre lo motteggiò sulla sua credulità al soprannaturale, ma la madre, udendo della graffiatura, ebbe quasi a venir meno, e disse con le lagrime agli occhi: "Son io che, dopo la sua morte, le feci per sbadataggine quella graffiatura; cercai di nasconderla con un po' di cipria. A nessuno ne parlai, e nessuno poteva saperlo". Poche settimane dopo, la madre moriva, consolata dall'idea di raggiungere la figlia in un mondo migliore[32]. Emerge da questo fatto l'intenzione evidente di confortare una madre, dandole l'assicurazione che la figlia adorata, benché pianta come morta, viveva ancora e l'attendeva.

Un esempio dei due fatti caratteristici testé accennati è quello del reverendo Wambey, di Salisbury, il quale, passeggiando in campagna una sera di Domenica, andava componendo in mente una lettera di auguri per un amico che gli era carissimo. Di botto, udì una voce: "Come! scri-

---

32 Proceed. Soc. Ric. Ps. parte XV, pag. 17-18.

vere ad un morto? scrivere ad un morto?" Non vedendosi nessuno intorno, pensò ad una allucinazione, e continuò nel suo lavoro di composizione, quando di nuovo udì la voce gridar più forte: "Come! scrivere ad un morto? scrivere ad un morto?". Capì allora quel che la voce volea dire, ma mandò la lettera lo stesso. N'ebbe come risposta, che l'amico era morto.

È evidente che, in questo caso, nessuna persona viva poteva aver prodotto il fantasma parlante e il fenomeno auditivo che avea l'intento ben determinato d'imprimere nell'animo del soggetto l'idea che il suo amico, benché privato della vita terrestre, era sempre vivo, mentre che la punta giocosa nelle parole pronunciate mirava a provare che la morte era tutt'altro che un triste evento per colui che l'avea sperimentata.

Davanti a questi esempii di fantasmi apparsi con un fine determinato (esempii che si potrebbero moltiplicare all'infinito, attingendo negli Atti della Società di Ricerche psichiche), trovo assolutamente straordinaria la teoria suggerita dal Myers, secondo la quale i fantasmi dei morti son così vaghi, e così debole è la loro somiglianza, da far pensare che siano piuttosto sogni di uomini morti comunicati telepaticamente ai vivi! Senza dubbio, vi ha un gran numero di fenomeni di questo genere, e in certi casi non si può ammettere nel fantasma un qualunque scopo relativo al soggetto da impressionare; ma cotesti fatti non sono tipici, e soprattutto non sono i meglio accertati e i più numerosi. A me pare, che la debolezza della teoria telepatica stia appunto nell'aver trascurato quasi tutti i casi da me citati e molti altri di pari importanza.

Ci tocca ora parlare di un altro ordine di prove, cioè degli *avvertimenti*. Ce n'è di ogni sorta, da quelli che annunziano eventi insignificanti a quelli che predicono un accidente o una morte, non sono già così frequenti come gli altri fantasmi, ma poiché alcuni fra essi son bene accertati, non si può non concludere che si tratti di realtà dovuta in genere ai medesimi influssi cui i veri fantasmi si debbono. Daremo qualcuno di questi esempi.

La signora Morisson, nel 1878, trovandosi nella provincia di Wellesley penisola di Malacca si svegliò una mattina e udì una voce ben distinta: "Se alle 11 fa scuro, vi sarà una morte". Alzatosi, tornò con più chiarezza a udire le identiche parole.

Una settimana dopo, una sua nipotina fu colta da un grave malore, e trascorsi alcuni giorni, un uragano scoppiò di mattina prima delle undici; il cielo si fece scuro di nuvoloni e all'una dello stesso giorno la bambina morì. L'insolito carattere dell'avvertimento dà rilievo e valore al caso singolarissimo.

In un altro caso, la signorina Curtis di Londra sogna di vedersi passare accanto una signora vestita di nero. In seguito, la trova giacente sopra una strada, con intorno una folla, gli uni dicendola morta e spacciata, gli altri negando.

Alla domanda mossa dalla dormiente fu risposto: "E' la signora C.". Questa signora era un'amica che viveva nel comune di Clapham e della quale da un certo tempo la signorina Curtis non aveva notizie. Il giorno appresso questa raccontò il sogno alla sorella, e circa una settimana dopo, vennero a sapere che la mattina seguente al sogno la signora C., per un falso passo ed un urto contro una pietra, era caduta e si era fatto del male.

Ancora più straordinario è il caso di quel vicario di York, il quale, diciannovenne, trovandosi a Invercaxde nella Nuova Zelanda, sul battello, s'era imbattuto in un giovane che avea conosciuto come marinaio; con lui e con altri si accordò di fare un'escursione nell'isola di Ruapuke e fermarvisi uno o due giorni per pescare e cacciare. Dovevano essere in piedi alle quattro del giorno appresso, per giovarsi della marea e varcar lo scoglio. Il giovane promise di chiamare a tempo il vicario, il quale se n'andò a letto a prima sera col proposito fermo di accompagnarli.

Montando le scale, parve al vicario di udire una voce che diceva: "Non andar con costoro". Nessuno era presente, e nondimeno, egli domandò: "Perché?". La voce che parea venire dall'interno di una camera, rispose con fermezza: "Non devi andare" e le stesse parole furon ripetute ad una seconda domanda. "Ma come farò a negarmi, visto che mi si verrà a chiamare?". E la voce più chiaramente e con forza: "Chiudi a chiave la porta". Arrivando in camera, vide alla porta una serratura, che prima non avea notato. Benché deciso a far l'escursione, si sentì scosso, ebbe il sentimento di un pericolo misterioso e, dopo aver molto tentennato, chiuse a chiave la porta e si mise a letto. La mattina, verso le tre, un gran fracasso alla porta: colpi, spintoni, grida: ma egli stette saldo e muto, e sentì che gli uomini si allontanavano bestemmiando. Levatosi verso le nove e disceso per la colazione, gli si raccontò che il battello partito per Ruapuke aveva urtato contro uno scoglio e che tutti i passeggieri erano annegati. Il giorno stesso, alcuni dei cadaveri furono risospinti sulla spiaggia, gli altri qualche giorno dopo. "Se fossi stato della partita, scrive il vicario, a dispetto dell'avvertimento ricevuto, sarei morto senz'altro coi miei compagni di pesca e di caccia".

Che dire di questa voce, che dà un avvertimento così preciso ed insiste per essere ascoltata? Chi era l'essere, che previde la catastrofe e ne preservò colui che volea salvare? Carlo du Prel direbbe che la *seconda personalità*, l'*io inconsciente* produsse la voce interiore! Ma questa ipotetica spiegazione, come già abbiamo dimostrato, è inintelligibile e inconcepibile; senza dire che essa nulla spiega, poiché manca la prova della esistenza di cotesta causa, né s'indovina come fosse acquistata la notizia precisa del fatto futuro.

Invece, i fantasmi dei morti si manifestano in modo da attestare la loro identità, provando di posseder la conoscenza del futuro, che né il soggetto impressionato né altri potrebbe avere.

Questi fantasmi dimostrano, che i così detti morti vivono sempre e possono, in vario modo, agire sui loro amici incarnati.

Prendiamo, per riassumere, il succo degli esempii precedenti, affine di provare luminosamente che solo la teoria spirituale dà una spiegazione razionale e intelligibile delle apparizioni e della loro influenza.

E' evidente che una teoria generale dei fantasmi deve non discordare dai vari casi di sdoppiamento o di fantasmi bene accertati dei vivi. Gli esempii di produzione apparentemente volontaria di questi per opera di una persona vivente sono stati recati come prova che anche gli altri furon prodotti da viventi o dal loro io consciente. Avendo io già menzionato le difficoltà che si oppongono a questo modo di vedere, e poiché in molti casi non c'è esercizio di volontà e nemmeno un qualunque pensiero diretto alla persona cui il fantasma apparisce o al posto da essa persona occupato, è assolutamente irrazionale attribuire ad un agente, inconsciente di qualsivoglia influsso del genere, la produzione di un effetto così meraviglioso.

Io scrivo un telegramma ad un amico, lontano un migliaio di miglia, e in capo ad un'ora o due l'amico lo riceve: la possibilità di spedire il messaggio non è già in me, bensì in tutta la serie di agenti che concorrono allo stesso fine, a cominciare dai primi inventori del telegrafo fino agli impiegati degli uffici telegrafici in comunicazione.

A mio giudizio, un principio di vera spiegazione degli sdoppiamenti non che dei fantasmi e delle altre ossessioni, si trova nel passo seguente di un'opera del dottor Eugenio Crowell, uno dei più insigni pensatori e sperimentatori fra i moderni spiritualisti.

"Più volte ho consultato su questo argomento i miei amici spirituali: mi hanno risposto che uno spirito non può neppure per un momento lasciare il suo involucro mortale e che facendolo, la morte ne seguirebbe all' istante; che l'apparizione di un altro se stesso in un posto diverso da quello del corpo, è una imitazione della persona, per opera di un altro spirito che compie un disegno formato dal suo amico incarnato, o con altro scopo utile, e per il quale esso assume codesta personalità.

Mi si è anche insegnato, ed io credo che nei casi di trance, quando i soggetti han creduto che l'anima loro si separasse dal corpo, questo in effetto era solo psicologicamente impressionato da visioni di scene spiritiche, di oggetti e di suoni; che spesso queste visioni son così evidenti e vere, da essere scambiate con la realtà, ma che nondimeno si tratta sempre d'impressioni subbiettive e non di sensazioni dirette".

Accettando dunque come provato, dalle varie classi di fantasmi e dalle informazioni da essi fornitici, che gli spiriti dei pretesi morti vivono sempre, e che alcuni, in date condizioni e in vario modo, possono farci conoscere la loro esistenza o esercitare su noi un influsso, senza che noi stessi se n'abbia coscienza, vediamo ora che spiegazione si possa dare alla causa e allo scopo di cotesti fenomeni.

In ogni caso che sorpassi la semplice trance, la trasmissione di pensiero tra viventi, sembra probabile che altre intelligenze cooperino all'azione.

Molte prove si hanno che la continuazione del commercio degli spiriti con gli uomini è, in molti casi, gradita e benefica agli spiriti stessi; e se noi pensiamo ai tanti individui di umile condizione che quotidianamente ci muoiono intorno, avremo una spiegazione sufficiente di certi sogni volgari, benché veridici, e di certe impressioni, a primo tratto inesplicabili. La produzione di quei sogni, di quelle impressioni, di quei fantasmi può essere un esercizio delle facoltà spirituali inferiori, tanto gradito da alcuni spiriti quanto possono essere per certi uomini il bigliardo, gli esperimenti fisici o un qualunque scherzo volgare.

D'altra parte, molte ossessioni sembrano mostrarci, nel mondo degli spiriti, uno dei castighi inevitabili dei delitti commessi: attirati dal rimorso o da altro indefinibile influsso verso il luogo del delitto, il delinquente ne riproduce continuamente alcune circostanze. E' vero che spesso, nella medesima casa, appariscono l'omicida e la vittima; ma da ciò non si può dedurre che la vittima sia sempre lì, a meno che essa non abbia partecipato al delitto o non continui a nutrire sentimenti di vendetta contro l'uccisore.

Finalmente, se un mondo spirituale esiste, se vivono sempre quelli che compirono la loro terrena esistenza, nulla di più naturale che molti spiriti siano contristati, vedendo l'incredulità, il dubbio o l'errore così diffusi intorno ad una vita futura. E per farci ricredere, mettono in opera tutte le loro facoltà.

Nulla di più naturale, da parte loro, del desiderio di mandare un messaggio agli amici, non foss'altro che per assicurarli che la morte non è la fine, ch'essi vivono sempre e non sono infelici. Gran numero di fatti ci porta a pensare che la bella concezione degli angeli custodi non è già un puro sogno, ma una realtà frequente e forse universale.

Così si spiegherebbero il demonio di Socrate, che lo avvertiva dei pericoli, non che gli avvisi, le informazioni, i consigli che tante persone ricevono. Vero è che, a malgrado delle frequenti indicazioni su questo o quel delitto, assai raramente vien denunziato il reo; ma ciò proverebbe che il sentimento della vendetta non è durevole, ovvero che i castighi adoperati dagli uomini non sono approvati dai cittadini del mondo spirituale.

La facoltà che hanno gli spiriti di comunicar con noi e la nostra di ricevere le loro comunicazioni è varia secondo gl'individui. Alcuni di noi possono solo sentir l'influsso d'idee e d'impressioni che crederanno proprie; altri sono fortemente incitati, fino a provare una commozione inesplicabile che gli spinge a compiere questo o quell' atto, utile a sè stessi o ad altri.

A volte l'avvertimento vien dato in sogno, a volte per via di visione nello stato di veglia.

Alcuni spiriti hanno il potere di produrre allucinazioni visive o auditive; più di rado e in condizioni speciali possono produrre fantasmi che si fanno vedere e udire da tutti gli astanti. Queste entità reali producono ondulazioni luminose e sonore ed agiscono sui nostri sensi come oggetti o esseri materiali.

Più raramente ancora codesti fantasmi sono tangibili: sono forme reali benché temporanee capaci di agire come esseri umani e di esercitare una notevole azione sulla materia neutra e sulla materia intelligente.

Se consideriamo questi fenomeni non già come soprannaturali, ma come naturalissimi e prodotti dal normale esercizio di facoltà di esseri spirituali, che cercano dì comunicare con chi è ancora imprigionato nel corpo fisico, noi troveremo la risposta a tutte le difficoltà e le obbiezioni.

Nulla di più comune che le obbiezioni mosse sulla trivialità e la parzialità delle comunicazioni attribuite agli spiriti; ma se si studia il più volgare dei messaggi o degli atti, e se esso è tale da non poter essere stato prodotto da alcuna persona vivente, bisognerà accettarlo come una prova della esistenza d'intelligenze che vivono intorno a noi.

Quanto alla parzialità desunta dal fatto che una persona è avvertita o salvata, mentre altre periscono senza soccorso, questa parzialità ci dimostra chiaramente che il potere degli spiriti su essi è limitato, e che dipende dalla maggiore o minore impressionabilità nostra il sentire l'influsso spiritico.

Per concludere, io credo che questa breve rivista delle varie apparizioni di vivi o di morti dimostri l'insufficienza delle spiegazioni telepatiche e dell'io inconsciente, le quali non possono servire che al minor numero dei casi offerti alle nostre indagini.

Inoltre io affermo, che bisognerà ammettere l'azione d'intelligenze disincarnate, cooperanti coi nostri modesti poteri di trasmissione mentale e di vista spirituale, per trovare una spiegazione razionale e intelligibile del complesso di fenomeni di cui esponemmo le diverse fasi.

www.ingramcontent.com/pod-product-compliance
Lightning Source LLC
Chambersburg PA
CBHW072307200526
45168CB00014B/884